# IDENTIFICAÇÃO
## DE
# PLÁSTICOS, BORRACHAS E FIBRAS

CB009298

Blucher

**ELOISA BIASOTTO MANO**

Professora Emérita

**LUÍS CLÁUDIO MENDES**

Pesquisador, D.Sc.

Instituto de Macromoléculas Professora Eloisa Mano
Universidade Federal do Rio de Janeiro

# IDENTIFICAÇÃO DE

# PLÁSTICOS, BORRACHAS E FIBRAS

*Identificação de plásticos, borrachas e fibras*

© 2000 Eloisa Biasotto Mano

Luís Cláudio Mendes

1ª edição – 2000

3ª reimpressão – 2014

Editora Edgard Blücher Ltda.

Capa: É a representação em arame de aço de um modelo
de conformação estatística da molécula do polietileno,
de peso molecular aproximado de 2.800.

# Blucher

Rua Pedroso Alvarenga, 1245, 4º andar

04531-012 – São Paulo – SP – Brasil

Tel 55 11 3078-5366

**contato@blucher.com.br**

**www.blucher.com.br**

É proibida a reprodução total ou parcial por quaisquer
meios, sem autorização escrita da Editora.

Todos os direitos reservados pela Editora
Edgard Blücher Ltda.

FICHA CATALOGRÁFICA

Mano, Eloisa Biasotto

   Identificação de plásticos, borrachas e fibras /
Eloisa Biasotto Mano, Luís Cláudio Mendes. – São Paulo:
Blucher, 2000.

   Bibliografia.
   ISBN 978-85-212-0284-4

   1. Borracha – Identificação 2. Fibras – Identificação
3. Plásticos – Identificação 4. Polímeros e polimerização
I. Mendes, Luís Cláudio. II. Título.

07-0696                                        CDD-668.9

Índices para catálogo sistemático:

1. Polímeros-base: Identificação: Engenharia
química    668.9

**Professor Raymundo Augusto de Castro Moniz de Aragão**
Universidade Federal do Rio de Janeiro

Homenagem ao grande Mestre pelo seu firme apoio, que possibilitou a transformação de um grupo de pesquisa em Polímeros, pioneiro no Brasil, no atual Instituto de Macromoléculas Professora Eloisa Mano da Universidade Federal do Rio de Janeiro.

# PREFÁCIO

Este livro representa um somatório de esforços para transmitir a experiência adquirida pelos Autores, ao longo de anos de contato direto com o problema de identificação dos polímeros-base encontrados em peças de plástico e de borracha, e ainda em fibras, resinas, adesivos, tintas, vernizes, espessantes e géis. É uma obra essencialmente experimental, em que foram analisadas inúmeras amostras de mais de 90 polímeros de estrutura química diferente, cuja relação é fornecida, com as fórmulas, nomenclatura científica e siglas. As técnicas foram descritas detalhadamente, com a preocupação de permitir a execução das análises por pessoal não necessariamente familiarizado com o assunto.

Os trabalhos nesta área tiveram início no Laboratório de Borracha e Plásticos do Instituto Nacional de Tecnologia, no Rio de Janeiro, por volta dos anos 50 — quando começaram a surgir as empresas que permitiram ao país transformar-se em uma grande potência industrial. Prosseguiram mais tarde no Instituto de Macromoléculas da Universidade Federal do Rio de Janeiro, como parte das atividades requeridas no atendimento à demanda de serviços técnicos pelo empresariado. O treinamento de estudantes, em estágios de Graduação em Química, propiciou o estudo mais detalhado de alguns casos, fornecendo dados experimentais valiosos para a identificação de polímeros de uso industrial.

Foi elaborado um novo esquema de análise, com a aplicação sucessiva de ensaios simples, visando excluir progressivamente grupos de polímeros, para limitar a busca a poucas possibilidades. O reconhecimento do polímero-base é então feito através de reações químicas rápidas e/ou análises fáceis. Métodos instrumentais, mais sofisticados, são também fornecidos, como complementação às indicações resultantes dos procedimentos propostos. Cada polímero, presente em plásticos, borrachas, fibras, adesivos, tintas, alimentos etc., é focalizado em Painéis individuais, em que são indicados todos os ensaios necessários à sua identificação.

Deve-se observar que não se trata de reconhecer polímeros purificados em nível molecular, mas sim de determinar a identidade do polímero-base existente na amostra, eventualmente em mistura com os aditivos empregados na formulação de plásticos, borrachas, adesivos etc.

Para facilitar a utilização do livro, foi dado destaque às páginas relativas ao trabalho experimental, compondo o **Capítulo 22**, que contém os ensaios empregados na identificação de plásticos, borrachas e fibras, com instruções, claras e simplificadas, para a realização do ensaio, bem como algumas observações relativas a cada ensaio.

Todos os procedimentos descritos foram exaustivamente empregados ao longo de vários anos, por diversos analistas; seus comentários e eventuais dúvidas foram de grande valor para melhorar a clareza do texto. A validade do método foi comprovada pelo exame de inúmeras amostras artificiais, de composição conhecida, contendo mistura de polímeros autênticos e produtos industriais os mais diversos

Os Autores expressam seus agradecimentos a todos que, de alguma forma, colaboraram para a concretização desta obra, especialmente ao estudante Luiz Antonio Penna Franca, bolsista de Iniciação Científica da Fundação de Amparo à Pesquisa do Estado do Rio de Janeiro-FAPERJ (1989-1991), Rita de Cassia L. Dutra (1987), Gustavo Felício Moraes (1997, 1998), Gustavo Affonso Arnaut P. Lopes (1999), Bárbara Bahia Barreiras Martins (2000), Anderson Rouge dos Santos (2000) e Alexey Melo Giornes (2000). Estes colaboradores foram responsáveis por parte do trabalho experimental e da digitação de textos e quadros; os seus resultados permitiram confirmar e ampliar a faixa de aplicação de algumas reações na identificação de polímeros.

Homenagem especial é dedicada ao Mestre de todas as horas, Professor Raymundo Augusto de Castro Moniz de Aragão, cujo firme apoio permitiu a transformação de um grupo de pesquisa em Polímeros, pioneiro no Brasil, em um Órgão Suplementar da UFRJ, inicialmente na condição de Núcleo e depois como Instituto Especializado: o atual Instituto de Macromoléculas Professora Eloisa Mano da Universidade Federal do Rio de Janeiro.

Os Autores agradecem à Fundação de Amparo à Pesquisa do Estado do Rio de Janeiro – FAPERJ pelo valioso apoio recebido, que permitiu a concretização desta obra, cuja preparação vinha se estendendo por vários anos. Agradecem à Rio Polímeros, cuja participação em co-edição com a Editora Edgard Blücher viabilizou a publicação deste livro.

Espera-se que o trabalho ora apresentado se revele útil às comunidades industrial e acadêmica do país.

Rio de Janeiro, agosto de 2000

Os Autores

Eloisa B. Mano
Luís C. Mendes

# CONTEÚDO

**Capítulo 1**
  Introdução   1

**Capítulo 2**
  O reconhecimento da natureza polimérica dos materiais   7

**Capítulo 3**
  A identificação de polímeros encontrados em produtos industriais   11

**Capítulo 4**
  O Grupo I — Polímeros Termoplásticos Halogenados   19
    Subgrupo I — Clorados — **CIIR, CR cru, CSM cru,**
                  **PCTFE, PVC, PV CAc, PVDC**   21
    Subgrupo II — Bromados — **BIIR cru**   28
    Subgrupo III — Fluorados — **FPM cru, PTFE, PVDF**   29

**Capítulo 5**
  O Grupo II — Polímeros Termoplásticos Nitrogenados   33
    Subgrupo IV — Alquil-aromáticos — **ABS, SAN**   35
    Subgrupo V — Nitrílicos — **NBR cru**   37
    Subgrupo VI — Uretânicos — **PU**   38
    Subgrupo VII — Amido-imídicos — **$PA_{alifática}$, PI, PVP**   39

**Capítulo 6**
  O Grupo III — Polímeros Termoplásticos Sulfurados   43
        PSF, PPS, EOT cru   44

**Capítulo 7**
  O Grupo IV — Polímeros Termoplásticos Siloxânicos   47
        MQ cru   48

**Capítulo 8**
  O Grupo V — Polímeros Termoplásticos Celulósicos   49
        CAc, CAcB   50

**Capítulo 9**
  O Grupo VI — Polímeros Termoplásticos Metacrílicos   53
        PBMA, PMMA   54

# SIGLAS

| | |
|---|---|
| ABS | Copoli (acrilonitrila/butadieno/estireno) |
| BIIR | Elastômero de copoli (isobutileno/isopreno) bromado |
| BR | Elastômero de polibutadieno |
| CAc | Acetato de celulose |
| CAcB | Acetato/butirato de celulose |
| CIIR | Elastômero de copoli (isobutileno/isopreno) clorado |
| CMC | Carboximetil-celulose |
| CN | Nitrato de celulose |
| CPE | Polietileno clorado |
| CR | Elastômero de policloropreno |
| CSM | Elastômero de polietileno cloro-sulfonado |
| EOT | Elastômero de poli (sulfeto orgânico) |
| EPDM | Elastômero de copoli (etileno/propileno/dieno) |
| ER | Resina epoxídica |
| EVA | Copoli (etileno/acetato de vinila) |
| FPM | Copoli (fluoreto de vinilideno/hexaflúor-propileno) |
| HEC | Hidroxi-etil-celulose |
| HIPS | Poliestireno de alto impacto |
| IIR | Elastômero de copoli (isobutileno/isopreno) |
| IR | Elastômero de poli-isopreno |
| LCP | Poliéster líquido-cristalino |
| MC | Metil-celulose |
| MR | Resina melamínica |
| MQ | Elastômero de polissiloxano |
| NBR | Elastômero de copoli(butadieno/acrilonitrila) |
| NR | Borracha natural |
| PA | Poliamida |
| PAA | Poli (ácido acrílico) |
| PAM | Poliacrilamida |
| PAN | Poliacrilonitrila |
| PAR | Poliarilato |
| PB | Polibuteno |
| PBA | Poli (acrilato de butila) |
| PBMA | Poli (metacrilato de butila) |
| PBT | Poli (tereftalato de butila) |
| PC | Policarbonato |
| PCTFE | Poli (cloro-triflúor-etileno) |
| PE | Polietileno |
| PET | Poli (tereftalato de etileno) |
| PI | Poli-imida |
| PK | Policetona |
| PMMA | Poli (metacrilato de metila) |
| POM | Poli (óxido de metileno) |
| PP | Polipropileno |
| PPO | Poli (óxido de fenileno) |
| PPPM | Poli (ftalato-maleato de propileno) |
| PPS | Poli (sulfeto de fenileno) |
| PR | Resina fenólica |
| PS | Poliestireno |
| PSF | Polissulfona |
| PSMMA | Copoli (estireno/metacrilato de metila) |
| PTFE | Poli (tetraflúor-etileno) |
| PU | Poliuretano |
| PUR | Elastômero de poliuretano |
| PVAc | Poli (acetato de vinila) |
| PVAl | Poli (álcool vinílico) |
| PVB | Poli (vinil-butiral) |
| PVC | Poli (cloreto de vinila) |
| PVCAc | Copoli (cloreto de vinila/acetato de vinila) |
| PVDC | Poli (cloreto de vinilideno) |
| PVDF | Poli (fluoreto de vinilideno) |
| PVF | Poli (vinil-formal) |
| PVP | Poli (vinilpirrolidona) |
| RC | Celulose regenerada |
| SAN | Copoli (estireno/acrilonitrila) |
| SBR | Elastômero de copoli (butadieno/acrilonitrila) |
| SIS | Elastômero de copoli (butadieno/isopreno) |
| SCMC | Sal de sódio de carboxi-metil celulose |
| UR | Resina uréica |

# CAPÍTULO 1

# INTRODUÇÃO

Ao se iniciar o novo milênio, é oportuno recordar os primórdios dos polímeros, tempos em que as expressões *colóide* e *coloidal* eram comumente empregadas para descrever aspectos e características de materiais que ainda não eram bem conhecidos.

Até a metade do século XX, a produção industrial no mundo não ultrapassava anualmente 350.000 toneladas de polímeros. Para avaliação do desenvolvimento, deve-se considerar que, a projeção para a virada do século deve atingir 200 milhões de toneladas de plásticos, elastômeros e fibras, todos sintéticos, no mundo.

A ciência teve enorme sucesso na preparação e caracterização de uma multiplicidade de novos polímeros, e assim foi constantemente ampliada a oferta de materiais adequados a cada aplicação prática. No último quarto do século XX, tornou-se progressivamente mais importante, do ponto de vista econômico, o emprego de misturas poliméricas, em vez do desenvolvimento de novas estruturas químicas. A necessidade de preservação ambiental direciona implacavelmente a indústria no sentido da reciclagem dos materiais poliméricos. Assim, tornam-se cada vez mais variados e complexos os sistemas empregados na confecção de peças e artefatos, tanto de uso geral quanto especial.

A análise qualitativa de fragmentos de plástico, borracha, fibra, adesivo, revestimento, ou até mesmo de amostras de cosméticos e alimentos, é de interesse dos departamentos técnicos de empresas industriais, ao criar ou modificar suas formulações. Equipamentos sofisticados, operadores especializados, padrões poliméricos autênticos, reagentes incomuns, longos tempos de análise, são algumas das dificuldades encontradas pelos químicos para esclarecer a composição dessa imensa variedade de produtos. Métodos de análise confiáveis, simples e exeqüíveis, são necessários.

A cronologia do desenvolvimento industrial no campo de Polímeros pode ser observada no **Quadro 1**. Nota-se que, até 1929, período em que ainda não havia consenso estabelecido sobre a natureza química dos produtos mais tarde reconhecidos como

## Quadro 1

### Cronologia do desenvolvimento tecnológico no campo de Polímeros

| Período | Polímero | | Campo de aplicação |
|---------|----------|--|--------------------|
| | Sigla | Nome | |
| Até 1929 | - | Amido | Alimentos |
| | - | Seda | Fibras |
| | - | Lã | Fibras |
| | - | Gelatina | Alimentos |
| | - | Couro | Fibras |
| | - | Alginato | Fibras |
| | - | Carragenana | Tintas |
| | PVAc | Poli(acetato de vinila) | Alimentos |
| | PBA | Poli(acrilato de butila) | Adesivos, tintas |
| | PMA | Poli(acrilato de metila) | Adesivos, tintas |
| | RC | Celulose regenerada | Filmes, fibras |
| | CAc | Acetato de celulose | Plásticos, fibras, borrachas |
| | CN | Nitrato de celulose | Plásticos, fibras |
| | HEC | Hidroxi-etil-celulose | Tintas, adesivos |
| | CMC | Carboxi-metil-celulose | Tintas, adesivos |
| | MC | Metil-celulose | Tintas |
| | PR | Resina fenólica | Plásticos |
| | NR | Borracha natural | Borrachas |
| De 1930 a 1939 | PS | Poliestireno | Plásticos |
| | PMMA | Poli(metacrilato de metila) | Plásticos |
| | PVC | Poli(cloreto de vinila) | Plásticos |
| | PVCAc | Copoli(cloreto de vinila/ acetato de vinila) | Plásticos, adesivos |
| | CAcB | Acetato-butirato de celulose | Plásticos, tintas |
| | UR | Resina ureica | Plásticos |
| | MR | Resina melamínica | Plásticos |
| | CR | Policloropreno | Borrachas |
| | EOT | Poli(sulfeto orgânico) | Borracha |

**Quadro 1** *(continuação)*

| Período | Polímero | | Campo de aplicação |
|---------|----------|---|--------------------|
| | Sigla | Nome | |
| De 1940 a 1949 | LDPE | Polietileno de baixa densidade | Plásticos |
| | PTFE | Poli(tetraflúor-etileno) | Plásticos |
| | PCTFE | Poli(cloro-triflúor-etileno) | Plásticos |
| | PVDF | Poli(fluoreto de vinilideno) | Plásticos |
| | FPM | Copoli(hexaflúor-propileno/ fluoreto de vinilideno) | Borrachas |
| | PVP | Poli(vinil-pirrolidona) | Cosméticos |
| | PVDC | Poli(cloreto de vinilideno) | Plásticos |
| | PA$_{alifática}$ | Poliamida alifática | Fibras |
| | PET | Poli(tereftalato de etileno) | Plásticos, fibras |
| | PPPM | Poli(ftalato-maleato de propileno) | Plásticos |
| | ER | Resina epoxídica | Adesivos, tintas |
| | SBR | Copoli(butadieno/estireno) | Borrachas |
| | IIR | Copoli(isobutileno/isopreno) | Borrachas |
| | PU, PUR | Poliuretano | Borrachas, plásticos, fibras |
| | PDMS, MQ | Poli(dimetil-siloxano) | Borrachas, tintas, cosméticos |
| De 1950 a 1959 | HDPE | Polietileno de alta densidade | Plásticos |
| | CSM | Polietileno cloro-sulfonado | Borrachas |
| | PP | Polipropileno | Plásticos |
| | PVAl | Poli(álcool vinílico) | Adesivos, tintas |
| | PAN | Poliacrilonitrila | Fibras |
| | PA$_{aromática}$ | Poliamida aromática | Fibras |
| | PC | Policarbonato | Plásticos |
| | POM | Polioximetileno | Plásticos |
| | IR | Poliisopreno | Borrachas |
| | BR | Polibutadieno | Borrachas |
| | NBR | Copoli(butadieno/acrilonitrila) | Borrachas |
| | SBS | Copoli(butadieno/estireno) | Borrachas |
| De 1960 a 1969 | EPDM | Copoli(etileno/propileno/ dieno) | Borrachas |

poliméricos, o conhecimento se limitava a produtos naturais, ou naturais quimicamente modificados. Eram empregados como adesivos uns poucos materiais sintéticos oligoméricos, de fácil preparação por mecanismo homolítico. Além disso, já era bem conhecida a resina fenólica, *Bakelite*.

Na década de 30 surgiram os Grandes Polímeros: PS, PMMA e PVC. Apareceram também para comercialização as resinas uréica e melamínica, e a borracha de *Neoprene*, CR.

Os anos 40 foram férteis e particularmente importantes na Química de Polímeros, devido ao desenvolvimento de materiais poliméricos promovido pelo intenso progresso tecnológico que se sucedeu à II Guerra Mundial. Foi nesta década que surgiu uma multiplicidade de estruturas químicas sintéticas macromoleculares, desde a mais simples, LDPE, até a mais complexa, PU, passando pelos polímeros clorados, fluorados, epoxídicos, siloxânicos, poliamídicos, poliésteres e alguns elastômeros. Nesta época se consolidou o domínio das reações de poliadição via radicais livres e de policondensação.

A década de 50 se destaca por novos tipos de poliadição, empregando catalisadores de coordenação, descobertos separadamente por Ziegler (HDPE, na Alemanha) e Natta (PP, na Itália). Além desses polímeros, o POM, PC, PA aromáticas e alguns elastômeros foram desenvolvidos.

Em contraste com as décadas de 40 e 50, que foram o período áureo na síntese de polímero, a década seguinte se caracterizou pelo limitado número de novos materiais poliméricos industriais. Daí em diante, o interesse tecnológico no campo de Polímeros passou a focalizar a mistura, em detrimento da síntese de novos produtos. Progressivamente, foi também se desenvolvendo a pesquisa sobre a compatibilização dos materiais poliméricos entre si e com outros produtos de natureza diversas.

Ao examinar amostras em busca de informações sobre o polímero-base, é essencial não perder de vista que o material pode não ser um polímero, e que, sendo um polímero, podem estar presentes aditivos não-poliméricos. Plastificantes, estabilizadores e corantes são os mais comuns nos artefatos de plástico; aceleradores, ativadores, agentes de vulcanização, antioxidantes, cargas, pigmentos e plastificantes são usualmente encontrados em peças de borracha. Outros aditivos podem ainda ocorrer, como lubrificantes, peptizantes, compatibilizantes, tensoativos, esponjantes, etc. Exceto plastificantes, cargas e pigmentos, que são usados em proporções maiores, os demais aditivos são geralmente empregados em quantidades pequenas, próximas de 1 phr (*per hundred resin* — partes por 100 partes de resina), e não causam problemas na identificação do polímero-base.

É preciso cautela na interpretação dos resultados, pela possibilidade de presença de componentes inertes, como óleos parafínicos, que constituam parte da amostra e não sejam revelados pela análise. Nestes casos, há necessidade de fracionamento do material, extraindo com solventes apropriados, na seqüência mais vantajosa, e depois aplicando a cada fração o método de análise. Esse mesmo procedimento deve ser adotado quando se obtêm resultados conflitantes e se suspeita da presença de mais de um polímero-base, isto é, de mistura de polímeros.

Neste livro, é apresentado um novo método experimental de análise qualitativa, simples, confiável e exeqüível em laboratórios não-sofisticados. O método permite a identificação do polímero-base encontrado em produtos de uso comum, como artefatos de plástico e de borracha, ou mesmo fibras, adesivos, tintas, cosméticos, alimentos e medicamentos. Possibilita também a identificação dos polímeros contidos em uma mistura industrial de qualquer tipo.

O novo método se baseia na consideração de que os polímeros orgânicos são também moléculas orgânicas, apenas muito grandes, e que, para a sua identificação, precisam ser preliminarmente "soltas" do empacotamento ou emaranhado em que se encontram no estado habitual, nas condições ambientais comuns. Assim, a seqüência de procedimentos analíticos deve considerar a destruição das interações físico-químicas pelo calor, depois pelos solventes; em seguida, deve-se tentar a ruptura de ligações químicas através da ação de reagentes fortemente básicos, depois fortemente ácidos, e finalmente, reagentes fortemente oxidantes. Diante dos resultados, são então aplicadas reações específicas para a detecção de determinados produtos químicos, esperados na degradação molecular a que os polímeros tenham sido submetidos.

# CAPÍTULO 2

# O RECONHECIMENTO DA NATUREZA POLIMÉRICA DOS MATERIAIS

Os produtos industriais em que um polímero orgânico, natural ou sintético, é o principal componente são encontrados sob os mais variados aspectos. Em forma sólida, podem-se apresentar em artefatos simples ou complexos, e ainda em produtos semi-manufaturados como placas, películas, fios ou fibras; podem ser transparentes ou opacos, coloridos ou incolores, com superfície brilhante ou fosca, metalizados ou não, de textura compacta ou celular, duros ou macios, quebradiços ou flexíveis, resistentes ou frágeis, elásticos ou deformáveis, etc.

Também são encontrados comercialmente dissolvidos em água ou solventes orgânicos, como tintas; ou dispersos em água sob a forma de látices, como adesivos e tintas. Podem ser ainda utilizados em pastas, como cosméticos, composições para acabamento de superfícies; ou mesmo pulverizados, constituindo ingredientes para sopas, bolos, sorvetes, largamente encontrados na indústria alimentícia. Produtos farmacêuticos também utilizam comumente polímeros em suas formulações. Quando os materiais se apresentam sob a forma líquida, é preciso recuperar o polímero sólido eventualmente presente antes de se proceder à sua identificação.

Alguns exemplos ilustram essas possibilidades, tornando mais fácil o reconhecimento imediato da presença de polímero orgânico, pelo aspecto do artefato. Objetos moldados de plástico, tais como utensílios domésticos diversificados, bem como frascos, embalagens, roupas; peças de borracha, como pneumáticos, gaxetas; artigos de madeira, de palha e de couro — todos têm como constituinte fundamental um polímero.

Os produtos naturais orgânicos, como plantas e animais, são constituídos de substâncias macromoleculares, predominantemente poliméricas. Por outro lado, os minerais (inclusive os metais), que são produtos inorgânicos, não estão enquadrados no conceito usual de polímero.

É interessante enfatizar que macromolécula é um termo amplo e geral e se aplica a todas as moléculas de peso molecular muito elevado (acima de 1.000, geralmente na ordem de centenas de milhar, podendo atingir milhões). As substâncias químicas com segmentos repetidos, os polímeros,. ao sofrerem modificações pela exposição a condições específicas, de caráter biogenético ou em decorrência de sua utilização, podem adquirir complexidade estrutural em grau variável, devido a reações químicas de oxidação, condensação, hidrólise, ciclização, reticulação, etc. Perdem assim sua regularidade constitucional, passando a apresentar estruturas mais complexas, tornando-se insolúveis e infusíveis. Esta condição é descrita pela expressão geral macromolécula, que também inclui os polímeros. Todo polímero é macromolécula, porém nem toda macromolécula é polímero. Cada polímero tem fórmula química definida; no entanto, a complexidade estrutural de certas macromoléculas não permite o reconhecimento analítico de sua estrutura química exata.

Considerando como critério o tamanho molecular, pode-se separar as substâncias em polímeros, quando seu peso molecular é superior a 1.000, isto é, são macromoléculas, e não-polímeros, com peso molecular inferior a 1.000, isto é, são micromoléculas. Na faixa de peso molecular entre 1.000 e 10.000, os polímeros têm resistência ainda insuficiente para permitir moldagem como artefato e são chamados oligômeros; apresentam-se freqüentemente como semi-sólidos ou líquidos muito viscosos.

É possível considerar os materiais poliméricos conforme contenham apenas carbono e hidrogênio, ou também halogênio, e/ou oxigênio, e/ou nitrogênio, e/ou enxofre, etc. Do ponto de vista da identificação, a composição química pode ser valiosa, principalmente por exclusão. Por exemplo, a ausência de nitrogênio exclui polímeros nitrogenados, porém a presença de nitrogênio não é garantia de polímero nitrogenado: pode decorrer de algum aditivo, como antioxidante, agente esponjante, acelerador, etc. Por este motivo, a identificação deverá empregar também ensaios de confirmação.

Outra classificação de polímeros os distribui, conforme a origem, em naturais e sintéticos. Se são naturais, haverá vestígios do processo biogenético, que podem ser detectados de diversas maneiras, conforme o tipo de apresentação do material. Microscopia ótica revela detalhes da morfologia: estrutura amorfa, fibrosa, cristalina, de geometria pouco ou muito irregular. Reações químicas indicam impurezas que acompanham os polímeros naturais; a presença de fósforo nas cinzas confirma muitas vezes a origem vegetal do produto. Algumas macromoléculas naturais de estrutura muito complexa, como por exemplo a lignina, são encontradas nas madeiras de lei, como jacarandá (*Machaerium villosum*, família das Leguminosas) e nas regiões escuras das madeiras em geral, especialmente no pinheiro-do-paraná (*Araucaria angustifolia*, família das Araucariáceas), nos nós de pinho.

Se os polímeros são sintéticos, a regularidade de forma das fibras ou partículas pode ser facilmente constatada ao microscópio ótico; a composição elementar das cinzas revelará vestígios de eventual catalisador empregado na polimerização, e assim, dará uma indicação valiosa quanto ao polímero.

Neste livro, foram considerados para identificação cerca de 100 polímeros de constituição química diversificada e amplo uso industrial. Foram distribuídos em 3 **Classes**, e estas em 17 **Grupos**, subdivididos em 25 **Subgrupos**, de acordo com o seu comportamento quando submetidos a uma série de ensaios, cujo procedimento é descrito detalhadamente em Capítulo subseqüente. O **Quadro 2** apresenta a classificação geral dos polímeros industriais, segundo o novo método proposto. Dessa maneira, chega-se a 92 **Painéis** individuais, que correspondem a cada um dos polímeros focalizados.

## Quadro 2

### Classificação geral dos polímeros industriais

| Polímero (sigla) | Classe | Grupo | Subgrupo | Painel |
|---|---|---|---|---|
| CIIR cru | I | I | I | 1 |
| CR cru | I | I | I | 2 |
| CSM cru | I | I | I | 3 |
| PCTFE | I | I | I | 4 |
| PVC | I | I | I | 5 |
| PVCAc | I | I | I | 6 |
| PVDC | I | I | I | 7 |
| BIIR cru | I | I | II | 8 |
| FPM | I | I | III | 9 |
| PTFE | I | I | III | 10 |
| PVDF | I | I | III | 11 |
| ABS | I | II | IV | 12 |
| SAN | I | II | IV | 13 |
| NBR cru | I | II | V | 14 |
| PU | I | II | VI | 15 |
| PA$_{alifática}$ | I | II | VII | 16 |
| PI | I | II | VII | 17 |
| PVP | I | II | VII | 18 |
| PSF | I | III | -- | 19 |
| PPS | I | III | -- | 20 |
| EOT | I | III | -- | 21 |
| MQ cru | I | IV | -- | 22 |
| CAc | I | V | -- | 23 |
| CAcB | I | V | -- | 24 |
| PBMA | I | VI | -- | 25 |
| PMMA | I | VI | -- | 26 |
| POM | I | VII | -- | 27 |
| HIPS | I | VIII | -- | 28 |
| PS | I | VIII | -- | 29 |
| PSMMA | I | VIII | -- | 30 |
| SBR cru | I | VIII | -- | 31 |
| SIS cru | I | VIII | -- | 32 |
| PC | I | IX | -- | 33 |
| PAR | I | IX | -- | 34 |
| LCP | I | X | -- | 35 |
| PBT | I | X | -- | 36 |
| PET | I | X | -- | 37 |
| EVA | I | XI | VIII | 38 |
| PBA | I | XI | VIII | 39 |
| PVAc | I | XI | VIII | 40 |
| PVB | I | XI | IX | 41 |
| PVF | I | XI | IX | 42 |
| BR cru | I | XII | X | 43 |
| EPDM cru | I | XII | X | 44 |
| IIR cru | I | XII | X | 45 |

**Quadro 2** (*continuação*)

| Polímero (sigla) | Classe | Grupo | Subgrupo | Painel |
|---|---|---|---|---|
| IR cru | I | XII | X | 46 |
| NR cru | I | XII | X | 47 |
| PE | I | XII | XI | 48 |
| PK | I | XII | XI | 49 |
| PP | I | XII | XI | 50 |
| PPO | I | XII | XI | 51 |
| Alginato | II | XIII | XII | 52 |
| Carragenana | II | XIII | XII | 53 |
| SCMC | II | XIII | XII | 54 |
| Xantana | II | XIII | XII | 55 |
| Agarose | II | XIII | XIII | 56 |
| Amido | II | XIII | XIII | 57 |
| RC | II | XIII | XIII | 58 |
| CN | II | XIII | XIII | 59 |
| HEC | II | XIII | XIII | 60 |
| MC | II | XIII | XIII | 61 |
| Gelatina | II | XIV | XIV | 62 |
| Lã | II | XIV | XIV | 63 |
| Seda | II | XIV | XIV | 64 |
| PA$_{aromática}$ | II | XIV | XIV | 65 |
| PAM | II | XIV | XV | 66 |
| PAN | II | XIV | XV | 67 |
| PAA | II | XV | XVI | 68 |
| PMAA | II | XV | XVI | 69 |
| PVAl | II | XV | XVII | 70 |
| Couro | III | XVI | XVIII | 71 |
| MR | III | XVI | XVIII | 72 |
| PUR | III | XVI | XVIII | 73 |
| UR | III | XVI | XVIII | 74 |
| ER | III | XVI | XIX | 75 |
| PPPM | III | XVI | XIX | 76 |
| PR | III | XVI | XX | 77 |
| Carbono | III | XVI | XXI | 78 |
| BIIR vulc. | III | XVII | XXII | 79 |
| CIIR vulc. | III | XVII | XXII | 80 |
| CSM vulc. | III | XVII | XXII | 81 |
| EPDM vulc. | III | XVII | XXII | 82 |
| FPM vulc. | III | XVII | XXII | 83 |
| IIR vulc. | III | XVII | XXII | 84 |
| MQ vulc. | III | XVII | XXII | 85 |
| BR vulc. | III | XVII | XXIII | 86 |
| NBR vulc. | III | XVII | XXIII | 87 |
| SBR vulc. | III | XVII | XXIII | 88 |
| CR vulc. | III | XVII | XXIV | 89 |
| IR vulc. | III | XVII | XXIV | 90 |
| NR vulc. | III | XVII | XXIV | 91 |
| EOT vulc. | III | XVII | XXV | 92 |

# CAPÍTULO 3

# A IDENTIFICAÇÃO DE POLÍMEROS ENCONTRADOS EM PRODUTOS INDUSTRIAIS

A identificação de quaisquer produtos em que se deseja reconhecer a presença eventual de um polímero orgânico, natural ou sintético, exige preliminarmente que a amostra esteja no estado sólido, para a aplicação do novo método proposto neste livro.

Se a amostra a identificar estiver na forma líquida, deve-se proceder à evaporação do líquido; a formação de filme indicará a presença de polímero. Se o resíduo, após a secagem, apresentar-se como um líquido viscoso, poderá tratar-se de oligômero, de peso molecular relativamentes baixo, fora do escopo deste livro. A formação de partículas fragmentadas, cristalinas ou não, revelará a ausência de polímero. O procedimento experimental para a eliminação do solvente está descrito no **Ensaio 1**. O material sólido resultante deve ser examinado como se fosse uma amostra sólida.

Quando a amostra estiver na forma sólida, a morfologia pode fornecer valiosas indicações para a identificação da origem do material. Por exemplo, as fibras podem ser examinadas por microscopia ótica, permitindo reconhecer a sua origem, natural ou sintética; se provêm de biogênese, são irregulares na forma; se são obtidas por processos de fiação industriais, mostram necessariamente aspecto regular (**Ensaio 2**).

Deve-se verificar a susceptibilidade à queima, para a verificação de que se trata de produto orgânico. Esta informação pode ser obtida pela ação do calor (**Ensaio 3**), que indicará se a amostra contém material orgânico, seja ou não polimérico.

Em seguida, é preciso verificar se a amostra é, basicamente, um polímero termoplástico ou termorrígido.

Todos os polímeros podem ser distribuídos em 3 Classes gerais: os Termoplásticos, os Termorrígidos Físicos e os Termorrígidos Químicos, conforme apresentado no **Quadro 3**.

Os **polímeros termoplásticos** são fusíveis e solúveis em solventes orgânicos comuns; são macromoléculas lineares, contendo ou não ramificações.

## Quadro 3

### Caracterização da Classe na identificação de polímeros industriais

| Amostra | Classe | Ensaio | | | Painel Nº |
|---------|--------|--------|--------|--------|-----------|
| | | Nº | Objetivo | Resultado | |
| Polímero Industrial | I. Polímeros Termoplásticos | 3B | Verificar a fusibilidade | Fusível | |
| | | 4A | Verificar a solubilidade | Solúvel em solventes comuns | 1-51 |
| | II. Polímeros Termorrígidos Físicos | 3B | Verificar a fusibilidade | Infusível | |
| | | 4A | Verificar a solubilidade | Solúvel em água e/ou solventes específicos | 52-78 |
| | III. Polímeros Termorrigídos Químicos | 3B | Verificar a fusibilidade | Infusível | |
| | | 4A | Verificar a solubilidade | Insolúvel | 79-92 |

Os **polímeros termorrígidos** são infusíveis e solúveis ou não em solventes; apresentam reticulações de natureza físico-química, envolvendo ligações hidrogênicas, ou química, através de ligações covalentes. Distinguem-se dos termoplásticos pela presença de grupamentos muito polares, tais como hidroxila, carboxila, amida ou nitrila, que permitem estabelecer fortes interações intermoleculares, as quais não são desfeitas pelos solventes orgânicos comuns. Quando são solúveis em água ou solventes orgânicos específicos, como a dimetil-formamida, DMF, e o sulfóxido de dimetila, DMSO, são macromoléculas lineares e classificadas como **termorrígidos físicos**. Quando, além de infusíveis são também insolúveis em todos os solventes, possuem estrutura molecular reticulada, porque as ligações químicas covalentes não podem ser rompidas por ação de solventes; são denominados **termorrígidos químicos**.

A natureza termoplástica ou termorrígida da amostra pode ser observada através dos ensaios de fusibilidade (**Ensaio 3B**) e solubilidade (**Ensaio 4A**).

O ensaio de fusibilidade permite observar o comportamento da amostra ao longo de aquecimento. Se, antes de carbonizar, a amostra fundir, poderá tratar-se de um polímero termoplástico; se não fundir e carbonizar, é possível que seja um polímero termorrígido. Se restam cinzas após a queima, conclui-se que havia produtos inorgânicos, não-voláteis, como por exemplo cargas minerais e resíduos de catalisador. Se o material não queimar, não há produto orgânico presente, polimérico ou não. A quantidade de cinzas formada revelará se a fração orgânica é, ou não, predominante na amostra; seu aspecto e coloração poderão dar indícios quanto ao material inorgânico resultante.

A presença de certas impurezas pode indicar a origem natural dos polímeros, por análises química ou espectrométrica. Por exemplo, a presença na cinza de fósforo (elemento que participa do ciclo da vida), permite reconhecer a borracha natural (seringueira, *Hevea brasiliensis*, família das Euforbiáceas), mesmo em presença do correspondente elastômero sintético, o *cis*-poliisopreno, IR. Os procedimentos experimentais para essas identificações são apresentados em Ensaios, referidos dentro dos Painéis correspondentes a cada polímero, individualmente.

Em poucos casos, a estrutura molecular do polímero não dispõe de grupamentos com a reatividade adequada para um teste de identificação através de reação química. Por exemplo, os poli-hidrocarbonetos, poli-hidrocarbonetos perfluorados, poliéteres e carbono polimérico. O reconhecimento do polímero então pode exigir a aplicação de métodos físicos. A disponibilidade de equipamento para a obtenção de características estruturais físico-químicas é muito importante e pode ser associada às informações disponíveis pelos demais métodos de análise, especialmente quando se trata de mistura de polímeros.

Assim, pela aplicação dos **Ensaios 3** e **4**, é possível enquadrar qualquer amostra de polímero industrial em alguma das 3 Classes propostas. Pode-se então proceder a uma série de ensaios sucessivos adequadamente escolhidos, de modo a permitir a subdivisão dessas classes em um total de 17 Grupos, através de procedimento simples, utilizando em geral reagentes químicos de uso comum.

A identificação de polímeros, de acordo com o método proposto neste livro, tem como base uma seqüência de ensaios de caracterização, que permite a exclusão imediata de muitas possibilidades, limitando a busca da identidade da amostra a cada vez menos indivíduos; o conjunto de informações finais, contido em Painéis de numeração ordenada, informa com segurança de que polímero-base é constituída a amostra. Alguns desses ensaios são mais elucidativos quando o resultado é negativo, pois isto representa a exclusão da presença de uma série de possíveis polímeros na amostra.

O esquema apresentado é totalmente apoiado em dados experimentais; poderá ser expandido à medida que novos produtos poliméricos sejam industrializados.

Após o reconhecimento da amostra como um polímero termoplástico, é necessário proceder à verificação do Grupo no qual está inserido. Dentro da **Classe I**, pela aplicação sucessiva de reações simples, fáceis, cuidadosamente escolhidas, é determinado o Grupo a que pertence o polímero. O **Quadro 4** mostra a caracterização desses Grupos.

A **Classe I** compreende 12 Grupos, abaixo relacionados:

- **Grupo I**     — Termoplásticos halogenados
- **Grupo II**    — Termoplásticos nitrogenados
- **Grupo III**   — Termoplásticos sulfurados
- **Grupo IV**    — Termoplásticos siloxânicos
- **Grupo V**     — Termoplásticos celulósicos
- **Grupo VI**    — Termoplásticos metacrílicos
- **Grupo VII**   — Termoplásticos oximetilênicos
- **Grupo VIII**  — Termoplásticos alquil-aromáticos
- **Grupo IX**    — Termoplásticos fenólicos
- **Grupo X**     — Termoplásticos tereftálicos
- **Grupo XI**    — Termoplásticos hidrolisáveis
- **Grupo XII**   — Outros termoplásticos

O **Grupo I** é reconhecido pelo **Ensaio 5**. O **Grupo II**, pelo **Ensaio 6**. O **Grupo III**, pelo comportamento da amostra ao **Ensaio 7**. O **Grupo IV**, pelos **Ensaios 9**. O **Grupo V**, pelo **Ensaio 21**. O **Grupo VI**, através do **Ensaio 22**. O **Grupo VII**, segundo o **Ensaio 23**. O **Grupo VIII**, pelo **Ensaio 24**. O **Grupo IX**, através do **Ensaio 17**. O **Grupo X**, pelo **Ensaio 16**. O **Grupo XI**, caracterizado pelos **Ensaios 10** e **11**. Finalmente, o **Grupo XII**, que inclui as amostras com resposta negativa a todos os ensaios anteriores.

## Quadro 4

| Caracterização dos Grupos da Classe I | | | | |
|---|---|---|---|---|

| Classe | Grupo | | Ensaio | | Painel Nº |
|---|---|---|---|---|---|
| | | Nº | Verificação | Resultado | |
| I. Polímeros Termoplásticos | I | Termoplásticos halogenados | 5 | Halogênio | Chama verde | 1–11 |
| | II | Termoplásticos nitrogenados | 6 | Nitrogênio | Mancha azul | 12-18 |
| | III | Termoplásticos sulfurados | 7 | Enxofre | Mancha negra | 19-21 |
| | IV | Termoplásticos siloxânicos | 9 | Silício | Cristais sublimados | 22 |
| | V | Termoplásticos celulósicos | 21 | Polissacarídeo | Mancha rosa ou anel verde | 23-24 |
| | VI | Termoplásticos metacrílicos | 22 | Metacrilato | Coloração azul | 25-26 |
| | VII | Termoplásticos oximetileno | 23 | Aldeído fórmico | Coloração violácea | 27 |
| | VIII | Termoplásticos alquil-aromáticos | 24 | Estireno | Espiral alaranjada | 28-32 |
| | IX | Termoplásticos fenólicos | 17 | Fenol | Coloração vermelha-alaranjada | 33-34 |
| | X | Termoplásticos tereftálicos | 16 | Ácido | Precipitado branco | 35-37 |
| | XI | Termoplásticos hidrolisáveis | 10, 11 | Ácido e aldeído | Variável | 38-42 |
| | XII | Outros termoplásticos | 32 | Dureza | Variável | 43-51 |

## Quadro 5

### Caracterização dos Grupos da Classe II

| Classe | Grupo | | Ensaio | | | Painel Nº |
|---|---|---|---|---|---|---|
| | | | Nº | Verificação | Resultado | |
| II. Polímeros Termorrígidos Físicos | XIII | Termorrígidos físicos polissacarídicos | 21 | Polissacarídeo | Mancha rosa ou anel verde | 52-61 |
| | XIV | Termorrígidos físicos nitrogenados | 6 | Nitrogênio | Mancha azul | 62-67 |
| | XV | Termorrígidos físicos vinílicos | 4 | Solubilidade | Hidrossolúveis | 69-70 |

## Quadro 6

### Caracterização dos Grupos da Classe III

| Classe | Grupo | | Ensaio | | | Painel Nº |
|---|---|---|---|---|---|---|
| | | | Nº | Verificação | Resultado | |
| III. Polímeros Termorrígidos Químicos | XVI | Termorrígidos químicos não-borrachosos | 32 | Dureza | Variável | 71-78 |
| | XVII | Termorrígidos químicos borrachosos vulcanizados | 32 | Dureza | Variável | 79-92 |

Dentro da **Classe II** é determinado o Grupo a que pertence o polímero. O **Quadro 5** mostra a caracterização desses 3 Grupos, abaixo relacionados:

- **Grupo XIII** — Termorrígidos físicos polissacarídicos
- **Grupo XIV** — Termorrígidos físicos nitrogenados
- **Grupo XV** — Termorrígidos físicos vinílicos

O **Grupo XIII** é reconhecido pelo **Ensaio 21**. O **Grupo XIV**, pelo **Ensaio 6**. Finalmente, o **Grupo XV**, caracterizado pelo **Ensaio 4**.

A **Classe III**, Polímeros termorrígidos químicos, compreende 2 Grupos conforme é mostrado no **Quadro 6**:

- **Grupo XVI** — Termorrígidos químicos não-borrachosos
- **Grupo XVII** — Termorrígidos químicos borrachosos vulcanizados

Os **Grupos XVI** e **XVII** são reconhecidos pelo **Ensaio 32**.

A fim de transmitir melhor as informações concernentes aos polímeros industriais abordados neste livro, decidiu-se apresentar, em Capítulos separados, os 17 Grupos nos quais estão distribuídos os 92 plásticos, borrachas e fibras pesquisados.

# O GRUPO I
# POLÍMEROS TERMOPLÁSTICOS
# HALOGENADOS

Uma vez determinado que a amostra é termoplástica, um procedimento bastante simples permite reconhecer se o material é halogenado, através dos **Ensaios 5A, 5B** e **5C**, que caracterizam os **Polímeros Termoplásticos Halogenados** como o **Grupo I**. Os procedimentos desses Ensaios encontram-se detalhados no **Capítulo 22** deste livro.

Este Grupo é dividido em 3 Subgrupos (**Quadro 7**): **Subgrupo I — Termoplásticos Clorados**, **Subgrupo II — Termoplásticos Bromados** e **Subgrupo III — Termoplásticos Fluorados**.

No **Subgrupo I** se inclui a maior parte dos polímeros halogenados: copoli(iso-butileno/isopreno) clorado (**CIIR cru**); policloropreno (**CR cru**); polietileno cloro-sulfonado (**CSM cru**); poli(cloro-triflúor-etileno) (**PCTFE**); poli(cloreto de vinila) (**PVC**); copoli(cloreto de vinila/acetato de vinila) (**PVCAc**) e poli(cloreto de vinilideno) (**PVDC**).

O **Subgrupo II** é constituído de apenas um polímero: copoli(isobutileno / isopreno) bromado (**BIIR cru**).

Estes Subgrupos são diferenciados pelo **Ensaio 5B**.

O **Subgrupo III** é constituído por copoli(fluoreto de vinilideno/hexaflúor-propileno) (**FPM cru**); poli(tetraflúor-etileno) (**PTFE**) e poli(fluoreto de viniledeno) (**PVDF**).

Os **Painéis 1** a **11** condensam as indicações para a identificação desses polímeros halogenados industriais, com referência aos Ensaios necessários à análise. A numeração dos Painéis segue a ordem alfabética da sigla de cada polímero, dentre os constantes de cada Grupo ou Subgrupo.

## Quadro 7

### Caracterização dos Subgrupos do Grupo I

| Grupo | | Subgrupo | Ensaio | | | Painel Nº |
|---|---|---|---|---|---|---|
| | | | Nº | Verificação | Resultado | |
| I. Polímeros Termoplásticos Halogenados | I | Termoplásticos Halogenados Clorados | 5A, 5B | Cloro | Precipitado branco | 1-7 |
| | II | Termoplásticos Halogenados Bromados | 5A, 5B | Bromo | Precipitado amarelado | 8 |
| | III | Termoplásticos Halogenados Fluorados | 5A, 5C | Flúor | Solução amarela | 9-11 |

**Painel 1**

| | Identificação de CIIR cru |
|---|---|
| **Classe I** | • **Polímeros Termoplásticos**<br>• Caracterização da Classe:<br>    **Ensaio 3B**: Fusibilidade — Fusível<br>    **Ensaio 4A**: Solubilidade — Solúvel |
| **Grupo I** | • **Polímeros Termoplásticos Halogenados**<br>• Caracterização do Grupo:<br>    **Ensaio 5A**: Identificação de halogênio — Chama verde |
| **Subgrupo I** | • **Polímeros Termoplásticos Halogenados Clorados**<br>• Caracterização do Subgrupo:<br>    **Ensaio 5B**: Diferenciação entre cloro e bromo — Precipitado branco |
| **Polímero** | **Elastômero de copoli(isobutileno/isopreno) clorado**<br>$$\sim\{\,[CH_2{-}C(CH_3)_2]_x{-}[CH_2{-}C(CH_3){=}CH{-}CH_2]y\}_{\bullet}Cl_z\sim$$ |
| **Identificação do polímero** | • **Ensaio 3A**: Pirólise<br>• **Ensaio 3B**: Fusibilidade<br>• **Ensaio 4A**: Solubilidade<br>• **Ensaio 5A**: Identificação de cloro e bromo<br>• **Ensaio 5B**: Diferenciação entre cloro e bromo<br>• **Ensaio 29**: Identificação de poli-isobutileno<br>• **Ensaio 32**: Determinação da dureza<br>• **Ensaio 33**: Determinação da densidade<br>• **Ensaio 34**: Determinação da inflamabilidade |

**Observações**: CIIR cru é polímero borrachoso; é obtido por modificação química do IIR, por cloração. Contém muito pouca insaturação e funciona como cadeia saturada. Tem densidade maior que 1 e é auto-extingüível.

## Painel 2

### Identificação de CR cru

| | |
|---|---|
| **Classe I** | • **Polímeros Termoplásticos**<br>• Caracterização da Classe:<br>    **Ensaio 3B**: Fusibilidade — Fusível<br>    **Ensaio 4A**: Solubilidade — Solúvel |
| **Grupo I** | • **Polímeros Termoplásticos Halogenados**<br>• Caracterização do Grupo:<br>    **Ensaio 5A**: Identificação de halogênio — Chama verde |
| **Subgrupo I** | • **Polímeros Termoplásticos Halogenados Clorados**<br>• Caracterização do Subgrupo:<br>    **Ensaio 5B**: Diferenciação entre cloro e bromo — Precipitado branco |
| **Polímero** | **Elastômero de policloropreno**<br><br>$\sim(CH_2-CCl=CH_2-CH_2)_x\sim$ |
| **Identificação do polímero** | • **Ensaio 3A**: Pirólise<br>• **Ensaio 3B**: Fusibilidade<br>• **Ensaio 4A**: Solubilidade<br>• **Ensaio 5A**: Identificação de cloro e bromo<br>• **Ensaio 5B**: Diferenciação entre cloro e bromo<br>• **Ensaio 28**: Identificação de insaturação olefínica<br>• **Ensaio 32**: Determinação da dureza<br>• **Ensaio 33**: Determinação da densidade<br>• **Ensaio 34**: Determinação da inflamabilidade |

**Observações: CR** cru é polímero borrachoso, de aspecto córneo, com insaturação olefínica. Tem densidade maior que 1 e é auto-extingüível.

**Painel 3**

| Identificação de CSM cru | |
|---|---|
| Classe I | • **Polímeros Termoplásticos**<br>• Caracterização da Classe:<br> **Ensaio 3B**: Fusibilidade — Fusível<br> **Ensaio 4A**: Solubilidade — Solúvel |
| Grupo I | • **Polímeros Termoplásticos Halogenados**<br>• Caracterização do Grupo:<br> **Ensaio 5A**: Identificação de halogênio — Chama verde |
| Subgrupo I | • **Polímeros Termoplásticos Halogenados Clorados**<br>• Caracterização do Subgrupo:<br> **Ensaio 5B**: Diferenciação entre cloro e bromo — Precipitado branco |
| Polímero | **Elastômero de polietilenoclorossulfonado**<br><br>$\sim[CH_2-CH_2]_x \bullet Cl_y \bullet (SO_2Cl)_z \sim$ |
| Identificação de polímero | • **Ensaio 3A**: Pirólise<br>• **Ensaio 3B**: Fusibilidade<br>• **Ensaio 4A**: Solubilidade<br>• **Ensaio 5A**: Identificação de cloro e bromo<br>• **Ensaio 5B**: Diferenciação entre cloro e bromo<br>• **Ensaio 7A**: Identificação de enxofre combinado<br>• **Ensaio 20**: Identificação de sulfona<br>• **Ensaio 32**: Determinação da dureza<br>• **Ensaio 33**: Determinação da densidade<br>• **Ensaio 34**: Determinação da inflamabilidade |

**Observações**: **CSM** cru é polímero borrachoso; é obtido por modificação química do PE, por clorossulfonação. Contém cadeia saturada e grupos sulfonila. Tem densidade maior que 1 e é auto-extinguível.

## Painel 4

| Identificação de PCTFE | |
|---|---|
| **Classe I** | • **Polímeros Termoplásticos**<br>• Caracterização da Classe:<br>    **Ensaio 3B**: Fusibilidade — Fusível<br>    **Ensaio 4A**: Solubilidade — Solúvel |
| **Grupo I** | • **Polímeros Termoplásticos Halogenados**<br>• Caracterização do Grupo:<br>    **Ensaio 5A**: Identificação de halogênio — Chama verde |
| **Subgrupo I** | • **Polímeros Termoplásticos Halogenados Clorados**<br>• Caracterização do Subgrupo:<br>    **Ensaio 5B**: Diferenciação entre cloro e bromo — Precipitado branco<br>    **Ensaio 5C**: Identificação de flúor — Solução amarela |
| **Polímero** | **Poli(cloro-triflúor-etileno)**<br><br>$\sim[CFCl\!-\!CF_2]_x\sim$ |
| **Identificação do polímero** | • Ensaio 3A: Pirólise<br>• Ensaio 3B: Fusibilidade<br>• Ensaio 4A: Solubilidade<br>• Ensaio 5A: Identificação de cloro e bromo<br>• Ensaio 5B: Diferenciação entre cloro e bromo<br>• Ensaio 5C: Identificação de flúor<br>• Ensaio 32: Determinação da dureza<br>• Ensaio 33: Determinação da densidade<br>• Ensaio 34: Determinação da inflamabilidade |

**Observações**: **PCTFE** é plástico de cadeia saturada, contendo átomos de flúor e cloro. Tem densidade maior que 1 e é auto-extingüível.

## Painel 5

| | |
|---|---|
| **Identificação de PVC** | |
| **Classe I** | • **Polímeros Termoplásticos**<br>• Caracterização da Classe:<br>　　**Ensaio 3B**: Fusibilidade — Fusível<br>　　**Ensaio 4A**: Solubilidade — Solúvel |
| **Grupo I** | • **Polímeros Termoplásticos Halogenados**<br>• Caracterização do Grupo:<br>　　**Ensaio 5A**: Identificação de halogênio — Chama verde |
| **Subgrupo I** | • **Polímeros Termoplásticos Halogenados Clorados**<br>• Caracterização do Subgrupo:<br>　　**Ensaio 5B**: Diferenciação entre cloro e bromo —Precipitado branco |
| **Polímero** | **Poli(cloreto de vinila)**<br><br>$\sim(CH_2{-}CHCl)_x\sim$ |
| **Identificação do polímero** | • **Ensaio 3A**: Pirólise<br>• **Ensaio 3B**: Fusibilidade<br>• **Ensaio 4A**: Solubilidade<br>• **Ensaio 5A**: Identificação de cloro e bromo<br>• **Ensaio 5B**: Diferenciação entre cloro e bromo<br>• **Ensaio 26**: Identificação de poli(cloreto de vinilideno)<br>• **Ensaio 32**: Determinação da dureza<br>• **Ensaio 33**: Determinação da densidade<br>• **Ensaio 34**: Determinação da inflamabilidade |
| **Observações**: **PVC** é plástico de cadeia saturada, contendo átomos de cloro. Responde negativamente ao **Ensaio 26**. Tem densidade maior que 1 e é auto-extingüível. | |

## Painel 6

| Identificação de PVCAc | |
|---|---|
| Classe I | • **Polímeros Termoplásticos**<br>• Caracterização da Classe:<br>    **Ensaio 3B**: Fusibilidade — Fusível<br>    **Ensaio 4A**: Solubilidade — Solúvel |
| Grupo I | • **Polímeros Termoplásticos Halogenados**<br>• Caracterização do Grupo:<br>    **Ensaio 5A**: Identificação de halogênio — Chama verde |
| Subgrupo I | • **Polímeros Termoplásticos Halogenados Clorados**<br>• Caracterização do Subgrupo:<br>    **Ensaio 5B**: Diferenciação entre cloro e bromo — Precipitado branco |
| Polímero | **Copoli(cloreto de vinila/acetato de vinila)**<br>$$\sim[CH_2{-}CHCl]_x{-}[CH_2{-}CHOAc]_y\sim$$ |
| Identificação do polímero | • **Ensaio 3A**: Pirólise<br>• **Ensaio 3B**: Fusibilidade<br>• **Ensaio 4A**: Solubilidade<br>• **Ensaio 5A**: Identificação de cloro e bromo<br>• **Ensaio 5B**: Diferenciação entre cloro e bromo<br>• **Ensaio 10A**: Ataque por base forte<br>• **Ensaio 11A**: Ataque por ácido forte<br>• **Ensaio 16A**: Identificação de ácido carboxílico volátil em geral<br>• **Ensaio 16C**: Identificação de ácido acético<br>• **Ensaio 19**: Identificação de éster alifático<br>• **Ensaio 26**: Identificação de poli(cloreto de vinilideno)<br>• **Ensaio 32**: Determinação da dureza<br>• **Ensaio 33**: Determinação da densidade<br>• **Ensaio 34**: Determinação da inflamabilidade |

**Observações**: **PVCAc** é plástico de cadeia saturada, contendo átomos de cloro e grupos acetato pendentes. É hidrolisável por ataque básico ou ácido, gerando ácido acético. Responde negativamente ao **Ensaio 26**. Tem densidade maior que 1 e é auto-extinguível.

## Painel 7

| | |
|---|---|
| **Identificação de PVDC** | |
| **Classe I** | • **Polímeros Termoplásticos**<br>• Caracterização da Classe:<br>　　**Ensaio 3B**: Fusibilidade — Fusível<br>　　**Ensaio 4A**: Solubilidade — Solúvel |
| **Grupo I** | • **Polímeros Termoplásticos Halogenados**<br>• Caracterização do Grupo:<br>　　**Ensaio 5A**: Identificação de halogênio — Chama verde |
| **Subgrupo I** | • **Polímeros Termoplásticos Halogenados Clorados**<br>• Caracterização do Subgrupo:<br>　　**Ensaio 5B**: Diferenciação entre cloro e bromo — Precipitado branco |
| **Polímero** | **Poli(cloreto de vinilideno)**<br><br>$\sim[CH_2—CCl_2]_x\sim$ |
| **Identificação do polímero** | • **Ensaio 3A**: Pirólise<br>• **Ensaio 3B**: Fusibilidade<br>• **Ensaio 4A**: Solubilidade<br>• **Ensaio 5A**: Identificação de cloro e bromo<br>• **Ensaio 5B**: Diferenciação entre cloro e bromo<br>• **Ensaio 26**: Identificação de poli(cloreto de vinilideno)<br>• **Ensaio 32**: Determinação da dureza<br>• **Ensaio 33**: Determinação da densidade<br>• **Ensaio 34**: Determinação da inflamabilidade |

**Observações: PVDC** é plástico de cadeia saturada, contendo átomos de cloro. Tem densidade maior que 1 e é auto-extingüível.

## Painel 8

| Identificação de BIIR cru | |
|---|---|
| Classe I | • **Polímeros Termoplásticos**<br>• Caracterização da Classe:<br>    **Ensaio 3B**: Fusibilidade — Fusível<br>    **Ensaio 4A**: Solubilidade — Solúvel |
| Grupo I | • **Polímeros Termoplásticos Halogenados**<br>• Caracterização do Grupo:<br>    **Ensaio 5A**: Identificação de halogênio — Chama verde |
| Subgrupo II | • **Polímeros Termoplásticos Halogenados Clorados**<br>• Caracterização do Subgrupo:<br>    **Ensaio 5B**: Diferenciação entre cloro e bromo — Precipitado amarelo |
| Polímero | **Elastômero de copoli(isobutileno/isopreno) bromado**<br>$\sim\{\,[CH_2{-}C(CH_3)_2]_x{-}[CH_2{-}C(CH_3){=}CH{-}CH_2]_y\}{\bullet}Br_z{\sim}$ |
| Identificação do polímero | • **Ensaio 3A**: Pirólise<br>• **Ensaio 3B**: Fusibilidade<br>• **Ensaio 4A**: Solubilidade<br>• **Ensaio 5A**: Identificação de cloro e bromo<br>• **Ensaio 5B**: Diferenciação entre cloro e bromo<br>• **Ensaio 29**: Identificação de poli-isobutileno<br>• **Ensaio 32**: Determinação da dureza<br>• **Ensaio 33**: Determinação da densidade<br>• **Ensaio 34**: Determinação da inflamabilidade |

**Observações**: **BIIR** cru é polímero borrachoso; é obtido por modificação química do IIR, por bromação. Contém muito pouca insaturação e funciona como cadeia saturada. Tem densidade maior que 1 e é auto-extingüível.

## Painel 9

| Identificação de FPM crú | |
|---|---|
| **Classe I** | • **Polímeros Termoplásticos**<br>• Caracterização da Classe:<br>   **Ensaio 3B**: Fusibilidade — Fusível<br>   **Ensaio 4A**: Solubilidade — Solúvel |
| **Grupo I** | • **Polímeros Termoplásticos Halogenados**<br>• Caracterização do Grupo:<br>   **Ensaio 5A**: Identificação de halogênio — Chama inalterada<br>   **Ensaio 5C**: Identificação de flúor — Solução amarela |
| **Subgrupo III** | • **Polímeros Termoplásticos Halogenados Fluorados**<br>• Caracterização do Subgrupo:<br>   **Ensaio 5C**: Identificação de flúor - Solução amarela |
| **Polímero** | **Elastômero de copoli(fluoreto de vinilideno/hexaflúor-propileno)**<br><br>$\sim[CF_2—CF(CF_3)—CH_2CF_2]_x\sim$ |
| **Identificação do polímero** | • **Ensaio 3A**: Pirólise<br>• **Ensaio 3B**: Fusibilidade<br>• **Ensaio 4A**: Solubilidade<br>• **Ensaio 5A**: Identificação de cloro e bromo<br>• **Ensaio 5C**: Identificação de flúor<br>• **Ensaio 32**: Determinação da dureza<br>• **Ensaio 33**: Determinação da densidade<br>• **Ensaio 34**: Determinação da inflamabilidade |

**Observações**: FPM cru é polímero borrachoso, com cadeia saturada, contendo átomos de flúor. Sob ação do calor (**Ensaio 3A**), sofre decomposição, reduzindo visivelmente o fragmento de amostra; gera gases fluorados, que atacam a parede de vidro do tubo. Responde negativamente ao **Ensaio 5A**. Tem densidade maior que 1 e é auto-extingüível.

## Painel 10

| Identificação de PTFE | |
|---|---|
| **Classe I** | • **Polímeros Termoplásticos**<br>• Caracterização da Classe:<br>    **Ensaio 3B**: Fusibilidade — Fusível<br>    **Ensaio 4A**: Solubilidade — Solúvel |
| **Grupo I** | • **Polímeros Termoplásticos Halogenados**<br>• Caracterização do Grupo:<br>    **Ensaio 5A**: Identificação de halogênio — Chama inalterada<br>    **Ensaio 5C**: Identificação de flúor — Solução amarela |
| **Subgrupo III** | • **Polímeros Termoplásticos Halogenados Fluorados**<br>• Caracterização do Subgrupo:<br>    **Ensaio 5C**: Identificação de flúor — Solução amarela |
| **Polímero** | **Poli(tetraflúor-etileno)**<br><br>$\sim(CF_2{-}CF_2)_x\sim$ |
| **Identificação do polímero** | • **Ensaio 3A**: Pirólise<br>• **Ensaio 3B**: Fusibilidade<br>• **Ensaio 4A**: Solubilidade<br>• **Ensaio 5A**: Identificação de cloro e bromo<br>• **Ensaio 5C**: Identificação de flúor<br>• **Ensaio 32**: Determinação da dureza<br>• **Ensaio 33**: Determinação da densidade<br>• **Ensaio 34**: Determinação da inflamabilidade |

**Observações**: PTFE é plástico com cadeia saturada, contendo átomos de flúor. Sob ação do calor (**Ensaio 3A**), sofre decomposição, reduzindo visivelmente o fragmento de amostra; gera gases fluorados, que atacam a parede de vidro do tubo. Responde negativamente ao **Ensaio 5A**. Tem densidade maior que 1 e é auto-extingüível. Pode estar presente em mistura polimérica com **PPS** (**Capítulo 21**)

## Painel 11

| Identificação de PVDF | |
|---|---|
| Classe I | • **Polímeros Termoplásticos**<br>• Caracterização da Classe:<br>    **Ensaio 3B**: Fusibilidade — Fusível<br>    **Ensaio 4A**: Solubilidade — Solúvel |
| Grupo I | • **Polímeros Termoplásticos Halogenados**<br>• Caracterização do Grupo:<br>    **Ensaio 5A**: Identificação de halogênio — Chama inalterada<br>    **Ensaio 5C**: Identificação de flúor — Solução amarela |
| Subgrupo III | • **Polímeros Termoplásticos Halogenados Fluorados**<br>• Caracterização do Subgrupo:<br>    **Ensaio 5C**: Identificação de flúor — Solução amarela |
| Polímero | **Poli(fluoreto de vinilideno)**<br><br>$\sim[CH_2\!\!-\!\!CF_2]_x\sim$ |
| Identificação do polímero | • **Ensaio 3A**: Pirólise<br>• **Ensaio 3B**: Fusibilidade<br>• **Ensaio 4A**: Solubilidade<br>• **Ensaio 5A**: Identificação de cloro e bromo<br>• **Ensaio 5C**: Identificação de flúor<br>• **Ensaio 32**: Determinação da dureza<br>• **Ensaio 33**: Determinação da densidade<br>• **Ensaio 34**: Determinação da inflamabilidade |

**Observações: PVDF** é plástico com cadeia saturada, contendo átomos de flúor. Sob ação do calor (**Ensaio 3A**), sofre decomposição, reduzindo visivelmente o fragmento de amostra; gera gases fluorados, que atacam a parede de vidro do tubo. Responde negativamente ao **Ensaio 5A**. Tem densidade maior que 1 e é auto-extingüível. Pode estar presente em mistura polimérica com **PMMA** (**Capítulo 21**).

# CAPÍTULO 5

# O GRUPO II
# POLÍMEROS TERMOPLÁSTICOS NITROGENADOS

Ainda na **Classe I — Polímeros Termoplásticos**, destacam-se os **Polímeros Termoplásticos Nitrogenados**, que constiutuem **Grupo II**, reconhecido através do **Ensaio 6**.

Este importante Grupo é dividido em 4 Subgrupos conforme é visto no **Quadro 8**: **Subgrupo IV — Termoplásticos Nitrogenados Alquil-Aromáticos**, **Subgrupo V — Termoplásticos Nitrogenados Nitrílicos**; **Subgrupo VI — Termoplásticos Nitrogenados Uretânicos**, e **Subgrupo VII — Termoplásticos Nitrogenados Amido-Imídicos**. Esses Subgrupos são caracterizados pelos **Ensaios 24A e 24B, 25, 11A e 12B**, respectivamente.

A descrição minuciosa do trabalho experimental envolvido nesses Ensaios encontra-se no **Capítulo 22** deste livro.

No **Subgrupo IV** encontram-se os polímeros copoli(estireno/butadieno/acrilonitrila) (**ABS**) e copoli(estireno/acrilonitrila) (**SAN**). No **Subgrupo V** está o elastômero de copoli(butadieno/acrilonitrila) (**NBR cru**). O **Subgrupo VI** inclui os diversos tipos de poliuretano (**PU**). Finalmente, o **Subgrupo VII** que engloba 3 polímeros: poliamida alifática (**PA$_{alifática}$**), poliimida (**PI**) e poli(vinilpirrolidona) (**PVP**).

Os **Painéis 12 a 18** condensam as indicações para a identificação desses polímeros nitrogenados industriais, com referência aos Ensaios necessários à análise. A numeração dos Painéis segue a ordem alfabética da sigla de cada polímero, dentre os constantes de cada Grupo ou Subgrupo.

## Quadro 8

### Caracterização dos Subgrupos do Grupo II

| Grupo | Subgrupo | | Ensaio | | Painel |
|---|---|---|---|---|---|
| | | Nº | Verificação | Resultado | Nº |
| II. Polímeros Termoplásticos Nitrogenados | IV | Termoplásticos Nitrogenados Alquil-Aromáticos | 24 | Estireno | Espiral alaranjada | 12-13 |
| | V | Termoplásticos Nitrogenados Nitrílicos | 25 | Ácido cianídrico | Mancha azul | 14 |
| | VI | Termoplásticos Nitrogenados Uretânicos | 11A | Decomposição | Vapores vermelhos | 15 |
| | VII | Termoplásticos Nitrogenados Amido-Imídicos | 12B | Decomposição | Variável | 16,18 |

## Painel 12

| **Identificação de ABS** | |
|---|---|
| Classe I | • **Polímeros Termoplásticos**<br>• Caracterização da Classe:<br>**Ensaio 3B**: Fusibilidade — Fusível<br>**Ensaio 4A**: Solubilidade — Solúvel |
| Grupo II | • **Polímeros Termoplásticos Nitrogenados**<br>• Caracterização do Grupo:<br>**Ensaio 6**: Identificação de nitrogênio — Mancha azul |
| Subgrupo IV | • **Polímeros Termoplásticos Nitrogenados Alquil-Aromáticos**<br>• Caracterização do Subgrupo:<br>**Ensaio 24B**: Identificação de polímero estirênico (com cal) —<br>Espiral alaranjada |
| Polímero | **Copoli(estireno/butadieno/acrilonitrila)**<br><br>$\sim[CH_2—CH(C_6H_5)]_x—[CH_2—CH=CH—CH_2]_y—[CH_2—CH(CN)]_z\sim$ |
| Identificação do polímero | • **Ensaio 3A**: Pirólise<br>• **Ensaio 3B**: Fusibilidade<br>• **Ensaio 4A**: Solubilidade<br>• **Ensaio 6**: Identificação de nitrogênio<br>• **Ensaio 24B**: Identificação de polímero estirênico (com cal)<br>• **Ensaio 25**: Identificação de polímero nitrílico<br>• **Ensaio 28**: Identificação de insaturação olefínica<br>• **Ensaio 32**: Determinação da dureza<br>• **Ensaio 33**: Determinação da densidade<br>• **Ensaio 34**: Determinação da inflamabilidade |

**Observações**: **ABS** é plástico obtido pela mistura de resina **SAN** com elastômero **NBR** (tipo B), ou mistura de elastômero **BR** com **BR** graftizado com estireno e acrilonitrila (tipo G). Contém cadeia insaturada e grupamentos nitrila. Tem densidade maior que 1 e é inflamável. Pode estar presente em misturas poliméricas com **PVC**, **PC**, **PA** ou **PSF** (**Capítulo 21**).

## Painel 13

| Identificação de SAN | |
|---|---|
| **Classe I** | • **Polímeros Termoplásticos**<br>• Caracterização da Classe:<br>    **Ensaio 3B**: Fusibilidade — Fusível<br>    **Ensaio 4A**: Solubilidade — Solúvel |
| **Grupo II** | • **Polímeros Termoplásticos Nitrogenados**<br>• Caracterização do Grupo:<br>    **Ensaio 6**: Identificação de nitrogênio — Mancha azul |
| **Subgrupo IV** | • **Polímeros Termoplásticos Nitrogenados Alquil-Aromáticos**<br>• Caracterização do Subgrupo:<br>    **Ensaio 24A**: Identificação de polímero estirênico (sem cal) —<br>    Espiral alaranjada |
| **Polímero** | Copoli(estireno/acrilonitrila)<br><br>$\sim[CH_2\!-\!CH(C_6H_5)]_x\!-\![CH_2\!-\!CH(CN)]_y\sim$ |
| **Identificação do polímero** | • **Ensaio 3A**: Pirólise<br>• **Ensaio 3B**: Fusibilidade<br>• **Ensaio 4A**: Solubilidade<br>• **Ensaio 6**: Identificação de nitrogênio<br>• **Ensaio 24A**: Identificação de polímero estirênico (sem cal)<br>• **Ensaio 25**: Identificação de polímero nitrílico<br>• **Ensaio 32**: Determinação da dureza<br>• **Ensaio 33**: Determinação da densidade<br>• **Ensaio 34**: Determinação da inflamabilidade |

**Observações: SAN** é plástico contendo cadeia saturada. Contém grupamentos nitrila. Tem densidade maior que 1 e é inflamável. Pode estar presente em mistura polimérica com **EPDM (Capítulo 21).**

## Painel 14

| Identificação de NBR cru | |
|---|---|
| **Classe I** | • **Polímeros Termoplásticos**<br>• Caracterização da Classe:<br>    **Ensaio 3B**: Fusibilidade — Fusível<br>    **Ensaio 4A**: Solubilidade — Solúvel |
| **Grupo II** | • **Polímeros Termoplásticos Nitrogenados**<br>• Caracterização do Grupo:<br>    **Ensaio 6**: Identificação de nitrogênio — Mancha azul |
| **Subgrupo V** | • **Polímeros Termoplásticos Nitrogenados Nitrílicos**<br>• Caracterização do Subgrupo:<br>    **Ensaio 25**: Identificação de polímero nitrílico — Mancha azul |
| **Polímero** | **Elastômero de copoli(butadieno/acrilonitrila)**<br><br>$\sim[CH_2\text{—}CH(CN)]_x\text{—}[CH_2\text{—}CH\text{=}CH\text{—}CH_2]_y\sim$ |
| **Identificação do polímero** | • **Ensaio 3A**: Pirólise<br>• **Ensaio 3B**: Fusibilidade<br>• **Ensaio 4A**: Solubilidade<br>• **Ensaio 6**: Identificação de nitrogênio<br>• **Ensaio 25**: Identificação de polímero nitrílico<br>• **Ensaio 28**: Identificação de insaturação olefínica<br>• **Ensaio 32**: Determinação da dureza<br>• **Ensaio 33**: Determinação da densidade<br>• **Ensaio 34**: Determinação da inflamabilidade |

**Observações: NBR cru** é polímero borrachoso; contém cadeia insaturada e grupamentos nitrila. Tem densidade maior que 1 e é inflamável. Pode estar presente em mistura polimérica com **PVC** (**Capítulo 21**).

## Painel 15

| Identificação de PU | |
|---|---|
| **Classe I** | • **Polímeros Termoplásticos**<br>• Caracterização da Classe:<br>    **Ensaio 3B**: Fusibilidade — Fusível<br>    **Ensaio 4A**: Solubilidade — Solúvel |
| **Grupo II** | • **Polímeros Termoplásticos Nitrogenados**<br>• Caracterização do Grupo:<br>    **Ensaio 6**: Identificação de nitrogênio — Mancha azul |
| **Subgrupo VI** | • **Polímeros Termoplásticos Nitrogenados Uretânicos**<br>• Caracterização do Subgrupo:<br>    **Ensaio 11A**: Ataque por ácido forte — Formação de diamina e poliol.<br>    **Ensaio 12B**: Ataque por mistura sulfonítrica — Vapores vermelhos |
| **Polímero** | Poliuretano<br><br>$\sim[CO\text{—}NH\text{—}R\text{—}NH\text{—}COOR'\text{—}O]_x\sim$ |
| **Identificação do polímero** | • **Ensaio 3A**: Pirólise<br>• **Ensaio 3B**: Fusibilidade<br>• **Ensaio 4A**: Solubilidade<br>• **Ensaio 6**: Identificação de nitrogênio<br>• **Ensaio 10**: Ataque por base forte<br>• **Ensaio 11A**: Ataque por ácido sulfúrico<br>• **Ensaio 12B**: Ataque por mistura sulfonítrica<br>• **Ensaio 13A**: Identificação de amina primária aromática<br>• **Ensaio 13B**: Identificação de amina primária, secundária ou terciária aromática<br>• **Ensaio 19**: Identificação de éster alifático<br>• **Ensaio 32**: Determinação da dureza<br>• **Ensaio 33**: Determinação da densidade<br>• **Ensaio 34**: Determinação da inflamabilidade |

Observações: **PU** é um polímero muito versátil; pode ser utilizado como plástico, borracha ou fibra. A cadeia pode ser formada tanto por segmentos aromáticos quanto alifáticos. É atacado por ácidos, bases e agentes oxidantes, gerando diamina e poliol. O **Ensaio 12B** é característico de **PU**; há imediata liberação de vapores nitrosos, vermelhos. O **Ensaio 19** identifica a natureza do poliol: poliéster, ensaio positivo, ou poliéster, ensaio negativo. Tem densidade maior que 1 e é inflamável. Pode estar presente em misturas poliméricas com **PVC** ou **PA$_{alifática}$** (**Capítulo 21**).

## Painel 16

### Identificação de $PA_{alifática}$

| Classe I | • **Polímeros Termoplásticos**<br>• Caracterização da Classe:<br>    **Ensaio 3B**: Fusibilidade — Fusível<br>    **Ensaio 4A**: Solubilidade — Solúvel |
|---|---|
| Grupo II | • **Polímeros Termoplásticos Nitrogenados**<br>• Caracterização do Grupo:<br>    **Ensaio 6**: Identificação de nitrogênio — Mancha azul |
| Subgrupo VII | • **Polímeros Termoplásticos Nitrogenados Amido-imídicos**<br>• Caracterização do Subgrupo:<br>    **Ensaio 12B**: Ataque por mistura sulfonítrica — Formação de amino-ácido, ou diácido e diamina |
| Polímero | **Poliamida alifática**<br><br>$\sim[NH{-}(CH_2)_n{-}NH{-}CO{-}(CH_2)_m{-}CO]_x\sim$ |
| Identificação do polímero | • **Ensaio 3A**: Pirólise<br>• **Ensaio 3B**: Fusibilidade<br>• **Ensaio 4A**: Solubilidade<br>• **Ensaio 6**: Identificação de nitrogênio<br>• **Ensaio 10B**: Ataque por hidróxido de potássio/glicol etilênico<br>• **Ensaio 12B**: Ataque por mistura sulfonítrica<br>• **Ensaio 16B**: Identificação de ácido carboxílico fixo em geral<br>• **Ensaio 16E**: Identificação de ácido adípico<br>• **Ensaio 32**: Determinação da dureza<br>• **Ensaio 33**: Determinação da densidade<br>• **Ensaio 34**: Determinação da inflamabilidade |

Observações: $PA_{alifática}$ é um polímero versátil, geralmente é usado como fibra, porém também pode ser utilizado como plástico. A cadeia pode ser formada tanto por um monômero (amino-ácido) quanto dois (diácido + diamina). É atacado por bases e agentes oxidantes, podendo gerar amino-ácido, ou diácido e diamina. Tem densidade maior que 1 e é inflamável. Pode estar presente em misturas poliméricas com **PE**, **PU**, **EPDM**, **ABS** ou **PPO** (**Capítulo 21**).

## Painel 17

| Identificação de PI | |
|---|---|
| Classe I | • **Polímeros Termoplásticos**<br>• Caracterização da Classe:<br>    **Ensaio 3B**: Fusibilidade — Fusível<br>    **Ensaio 4A**: Solubilidade — Solúvel |
| Grupo II | • **Polímeros Termoplásticos Nitrogenados**<br>• Caracterização do Grupo:<br>    **Ensaio 6**: Identificação de nitrogênio — Mancha azul |
| Subgrupo VII | • **Polímeros Termoplásticos Nitrogenados Amido-imídicos**<br>• Caracterização do Subgrupo:<br>    **Ensaio 12B**: Ataque por mistura sulfonítrica — Formação de diácido e de diamina |
| Polímero | **Poliimida**<br><br>$\sim[N(CO)_2\!-\!C_6H_2\!-\!(CO)_2NC_6H_4]_x\sim$ |
| Identificação do polímero | • **Ensaio 3A**: Pirólise<br>• **Ensaio 3B**: Fusibilidade<br>• **Ensaio 4A**: Solubilidade<br>• **Ensaio 6**: Identificação de nitrogênio<br>• **Ensaio 10B**: Ataque por hidróxido de potássio / glicol etilênico<br>• **Ensaio 12B**: Ataque por mistura sulfonítrica<br>• **Ensaio 13A**: Identificação de amina primária aromática<br>• **Ensaio 13B**: Identificação de amina primária, secundária ou terciária aromática<br>• **Ensaio 16B**: Identificação de ácido carboxílico fixo em geral<br>• **Ensaio 32**: Determinação da dureza<br>• **Ensaio 33**: Determinação da densidade<br>• **Ensaio 34**: Determinação da inflamabilidade |

**Observações: PI** é plástico versátil. A cadeia contém anéis aromáticos ligados por grupos imida, amida e/ou éter. É atacado por ácidos, bases e agentes oxidantes, gerando diácido e diamina. Tem densidade maior que 1 e é inflamável.

## Painel 18

| | Identificação de PVP |
|---|---|
| **Classe I** | • **Polímeros Termoplásticos**<br>• Caracterização da Classe:<br>    **Ensaio 3B**: Fusibilidade — Fusível<br>    **Ensaio 4A**: Solubilidade — Solúvel |
| **Grupo II** | • **Polímeros Termoplásticos Nitrogenados**<br>• Caracterização do Grupo:<br>    **Ensaio 6**: Identificação de nitrogênio — Mancha azul |
| **Subgrupo VII** | • **Polímeros Termoplásticos Nitrogenados Amido-imídicos**<br>• Caracterização do Subgrupo:<br>    **Ensaio 12B**: Ataque por mistura sulfonítrica — Formação de amino-ácido |
| **Polímero** | **Poli(vinilpirrolidona)**<br><br>$-\left[ CH_2-CH \right]_n-$ (grupo pirrolidona $N$–$C=O$ pendente) |
| Identificação do polímero | • **Ensaio 3A**: Pirólise<br>• **Ensaio 3B**: Fusibilidade<br>• **Ensaio 4A**: Solubilidade<br>• **Ensaio 6**: Identificação de nitrogênio<br>• **Ensaio 12B**: Ataque por mistura sulfonítrica<br>• **Ensaio 16B**: Identificação de ácido carboxílico fixo em geral<br>• **Ensaio 27A**: Identificação de polímero por complexação com iodo<br>• **Ensaio 32**: Determinação da dureza<br>• **Ensaio 33**: Determinação da densidade<br>• **Ensaio 34**: Determinação da inflamabilidade |

Observações: **PVP** é plástico, de cadeia saturada, com grupo pirrolidona pendente. É solúvel em água e ácidos; é atacado por mistura oxidante, gerando amino-ácido. Tem densidade maior que 1 e é inflamável.

# CAPÍTULO 6

# O GRUPO III
# POLÍMEROS TERMOPLÁSTICOS SULFURADOS

Os **Polímeros Termoplásticos Sulfurados**, incluídos na **Classe I. Polímeros Termoplásticos**, estão agrupados como **Grupo III**; podem ser reconhecidos pelo **Ensaio 7A**. O procedimento desse Ensaio encontra-se detalhado no **Capítulo 22**. A polissulfona (**PSF**), o poli(sulfeto de fenileno) (**PPS**) e o elastômero de poli(sulfeto orgânico) (**EOT cru**) são polímeros que compõem o **Grupo III**, cuja caracterização é mostrada no **Quadro 9**.

Os **Painéis 19** a **21** condensam as indicações para a identificação desses polímeros halogenados industriais, com referência aos Ensaios necessários à análise. A numeração dos Painéis segue a ordem alfabética da sigla de cada polímero, dentre os constantes de cada Grupo ou Subgrupo.

## Quadro 9

| Caracterização do Grupo III | | | | | |
|---|---|---|---|---|---|
| **Grupo** | **Subgrupo** | **Ensaio** | | | **Painel Nº** |
| | | **Nº** | **Verificação** | **Resultado** | |
| I. Polímeros Termoplásticos Sulfurados | - | - | 7A | Enxofre | Mancha negra | 19-21 |

## Painel 19

| Identificação de PSF | |
|---|---|
| **Classe I** | • **Polímeros Termoplásticos**<br>• Caracterização da Classe:<br>    **Ensaio 3B**: Fusibilidade — Fusível<br>    **Ensaio 4A**: Solubilidade — Solúvel |
| **Grupo III** | • **Polímeros Termoplásticos Sulfurados**<br>• Caracterização do Grupo:<br>    **Ensaio 7A**: Identificação de enxofre combinado — Mancha negra |
| **Subgrupo** | — |
| **Polímero** | **Polissulfona**<br><br>$\sim[C_6H_4\text{—}SO_2]_x\sim$ |
| **Identificação do polímero** | • **Ensaio 3A**: Pirólise<br>• **Ensaio 3B**: Fusibilidade<br>• **Ensaio 4A**: Solubilidade<br>• **Ensaio 7A**: Identificação de enxofre combinado<br>• **Ensaio 17B**: Identificação de fenol sem substituinte em posição *o-* ou *p-*<br>• **Ensaio 20**: Identificação de sulfona<br>• **Ensaio 24A**: Identificação de polímero estirênico sem cal<br>• **Ensaio 32**: Determinação da dureza<br>• **Ensaio 33**: Determinação da densidade<br>• **Ensaio 34**: Determinação da inflamabilidade |

Observações: **PSF** é plástico versátil. A cadeia contém anéis aromáticos ligados por grupos sulfona, podendo conter grupo éter. Por ação de calor (**Ensaio 3A**), há liberação de vapores sulfurados, desagradáveis, e também formação de fenol. Tem densidade maior que 1 e é auto-extinguível. Pode estar presente em misturas poliméricas com **ABS** ou **PET** (**Capítulo 21**).

**Painel 20**

| | Identificação de PPS |
|---|---|
| **Classe I** | • **Polímeros Termoplásticos**<br>• Caracterização da Classe:<br>   **Ensaio 3B**: Fusibilidade — Fusível<br>   **Ensaio 4A**: Solubilidade — Solúvel |
| **Grupo III** | • **Polímeros Termoplásticos Sulfurados**<br>• Caracterização do Grupo:<br>   **Ensaio 7A**: Identificação de enxofre combinado — Mancha negra |
| **Subgrupo** | — |
| **Polímero** | **Poli(sulfeto de fenileno)**<br><br>$\sim[C_6H_4{-}S]_x\sim$ |
| **Identificação do polímero** | • **Ensaio 3A**: Pirólise<br>• **Ensaio 3B**: Fusibilidade<br>• **Ensaio 4A**: Solubilidade<br>• **Ensaio 7A**: Identificação de enxofre combinado<br>• **Ensaio 12C**: Ataque por dióxido de manganês e ácido sulfúrico<br>• **Ensaio 32**: Determinação da dureza<br>• **Ensaio 33**: Determinação da densidade<br>• **Ensaio 34**: Determinação da inflamabilidade |

Observações: **PPS** é plástico de cadeia aromática, com anéis ligados por átomos de enxofre. Por ação de calor (**Ensaio 3A**), há liberação de vapores sulfurados, desagradáveis. É atacado por agentes oxidantes gerando quinona. Tem densidade maior que 1 e é auto-extinguível. Pode estar presente em mistura polimérica com **PTFE** (**Capítulo 21**).

## Painel 21

| Identificação de EOT (cru) | |
|---|---|
| **Classe I** | • **Polímeros Termoplásticos**<br>• Caracterização da Classe:<br> **Ensaio 3B**: Fusibilidade — Fusível<br> **Ensaio 4A**: Solubilidade — Solúvel |
| **Grupo III** | • **Polímeros Termoplásticos Sulfurados**<br>• Caracterização do Grupo:<br> **Ensaio 7A**: Identificação de enxofre combinado — Mancha negra |
| **Subgrupo** | — |
| **Polímero** | **Elastômero de poli(sulfeto orgânico)**<br><br>$\sim[CH_2{-}CH_2{-}S{-}S]_x\sim$<br>$\qquad\qquad\downarrow\ \ \downarrow$<br>$\qquad\qquad S\ \ S$ |
| **Identificação do polímero** | • **Ensaio 3A**: Pirólise<br>• **Ensaio 3B**: Fusiblidade<br>• **Ensaio 4A**: Solubilidade<br>• **Ensaio 7A**: Identificação de enxofre combinado<br>• **Ensaio 20**: Identificação de sulfona<br>• **Ensaio 32**: Determinação da dureza<br>• **Ensaio 33**: Determinação da densidade<br>• **Ensaio 34**: Determinação da inflamabilidade |

Observações: **EOT** cru é polímero borrachoso, com cadeia saturada contendo átomos de carbono e de enxofre. Por ação de calor (**Ensaio 3A**), há liberação de vapores sulfurados, desagradáveis. Tem densidade maior que 1 e é auto-extingüível.

# CAPÍTULO 7

# O GRUPO IV
# POLÍMEROS TERMOPLÁSTICOS
# SILOXÂNICOS

No **Grupo IV**, **Polímeros Termoplásticos Siloxânicos**, encontra-se apenas o elastômero de poli(dimetil-siloxano) (**MQ cru**), que pertence à **Classe I**, polímeros termoplásticos. Este polímero é caracterizado pela presença de silício e identificado pelo **Ensaio
9**, detalhado no **Capítulo 22** deste livro. No **Quadro 10** e no **Painel 22** encontram-se
resumidas as indicações para a identificação desse polímero.

## Quadro 10

| Caracterização do Grupo IV | | | | | | |
|---|---|---|---|---|---|---|
| **Grupo** | **Subgrupo** | | **Ensaio** | | | **Painel Nº** |
| | | | **Nº** | **Verificação** | **Resultado** | |
| IV. Polímeros Termoplásticos Siloxânicos | - | - | 9 | Silício | Vapores brancos | 22 |

## Painel 22

| Identificação de MQ cru | |
| --- | --- |
| **Classe I** | • **Polímeros Termoplásticos**<br>• Caracterização da Classe:<br>　　**Ensaio 3B**: Fusibilidade — Fusível<br>　　**Ensaio 4A**: Solubilidade — Solúvel |
| **Grupo IV** | • **Polímeros Termoplásticos Siloxânicos**<br>• Caracterização do Grupo:<br>　　**Ensaio 9**: Identificação de silício — Vapores brancos |
| **Subgrupo** | — |
| **Polímero** | **Elastômero de poli(dimetil-siloxano)**<br><br>　　　$\sim[Si(CH_3)_2\!-\!O]_x\sim$ |
| **Identificação do polímero** | • **Ensaio 3A**: Pirólise<br>• **Ensaio 3B**: Fusibilidade<br>• **Ensaio 4A**: Solubilidade<br>• **Ensaio 9**: Identificação de silício<br>• **Ensaio 32**: Determinação da dureza<br>• **Ensaio 33**: Determinação da densidade<br>• **Ensaio 34**: Determinação da inflamabilidade |

Observações: **MQ cru** é polímero borrachoso, com cadeia contendo alternadamente átomos de oxigênio e de silício. Geralmente vem acompahado de pigmento reforçador, branco, de ácido silícico, que permanece na cinza (**Ensaio 3A**). Tem densidade maior que 1 e é auto-extingüível.

# O GRUPO V POLÍMEROS TERMOPLÁSTICOS CELULÓSICOS

No **Grupo V**, ainda na **Classe I**, que representa os polímeros termoplásticos, se encontram os **Polímeros Termoplásticos Celulósicos**. Esses polímeros são obtidos pela modificação química da celulose e denominados de acetato de celulose (**CAc**) e aceto-butirato de celulose (**CAcB**); Podem ser identificados pelos **Ensaios 21A** e **21B**, detalhados no **Capítulo 22** deste livro. No **Quadro 11** e nos **Painéis 23** e **24** encontram-se resumidas as indicações para a identificação desses polímeros.

## Quadro 11

| Caracterização do Grupo V | | | | | |
|---|---|---|---|---|---|
| Grupo | Subgrupo | Ensaio | | | Painel Nº |
| | | Nº | Verificação | Resultado | |
| V. Polímeros Termoplásticos Celulósicos | — — | 21A e 21B | Polissacarídeo | Mancha rosa e anel verde | 23,24 |

## Painel 23

### Identificação de CAc

| Classe I | • **Polímeros Termoplásticos**<br>• Caracterização da Classe:<br>   **Ensaio 3B**: Fusibilidade — Fusível<br>   **Ensaio 4A**: Solubilidade — Solúvel |
|---|---|
| Grupo V | • **Polímeros Termoplásticos Celulósicos**<br>• Caracterização do Grupo:<br>   **Ensaio 21A**: Identificação de polissacarídeo com acetato de anilina — Mancha rosa<br>   **Ensaio 21B**: Identificação de polissacarídeo com benzeno e etanol — Anel verde |
| Subgrupo | — |
| Polímero | **Acetato de celulose**<br> |
| Identificação do polímero | • **Ensaio 3A**: Pirólise<br>• **Ensaio 3B**: Fusibilidade<br>• **Ensaio 4A**: Solubilidade<br>• **Ensaio 10A**: Ataque por base forte — hidróxido de sódio / etanol<br>• **Ensaio 11A**: Ataque por ácido forte — ácido sulfúrico<br>• **Ensaio 16A**: Identificação de ácido carboxílico volátil em geral<br>• **Ensaio 16C**: Identificação de ácido acético<br>• **Ensaio 19**: Identificação de éster alifático<br>• **Ensaio 21A**: Identificação de polissacarídeo com acetato de anilina<br>• **Ensaio 21B**: Identificação de polissacarídeo com benzeno e etanol<br>• **Ensaio 32**: Determinação da dureza<br>• **Ensaio 33**: Determinação da densidade<br>• **Ensaio 34**: Determinação da inflamabilidade |

**Observações**: **CAc** é plástico versátil, também usado como fibra. É obtido pela modificação química da celulose, por esterificação. É hidrolisável por ataque em meio ácido ou básico, gerando ácido acético. Tem densidade maior que 1 e é inflamável.

## Painel 24

### Identificação de CAcB

| | |
|---|---|
| **Classe I** | • **Polímeros Termoplásticos**<br>• Caracterização da Classe:<br>    **Ensaio 3B**: Fusibilidade — Fusível<br>    **Ensaio 4A**: Solubilidade — Solúvel |
| **Grupo V** | • **Polímeros Termoplásticos Celulósicos**<br>• Caracterização do Grupo:<br>    **Ensaio 21A**: Identificação de polissacarídeo com acetato de anilina — Mancha rosa<br>    **Ensaio 21B**: Identificação de polissacarídeo com benzeno e etanol — Anel verde |
| **Subgrupo** | — |
| **Polímero** | **Acetato-butirato de celulose**<br><br> |
| **Identificação do polímero** | • **Ensaio 3A**: Pirólise<br>• **Ensaio 3B**: Fusibilidade<br>• **Ensaio 4A**: Solubilidade<br>• **Ensaio 10A**: Ataque por base forte — hidróxido de sódio/etanol<br>• **Ensaio 11A**: Ataque por ácido forte — ácido sulfúrico<br>• **Ensaio 16A**: Identificação de ácido carboxílico volátil em geral<br>• **Ensaio 16C**: Identificação de ácido acético<br>• **Ensaio 19**: Identificação de éster alifático<br>• **Ensaio 21A**: Identificação de polissacarídeo com acetato de anilina<br>• **Ensaio 21B**: Identificação de polissacarídeo com benzeno e etanol<br>• **Ensaio 32**: Determinação da dureza<br>• **Ensaio 33**: Determinação da densidade<br>• **Ensaio 34**: Determinação da inflamabilidade |

**Observações**: CAcB é plástico versátil, obtido pela modificação química da celulose, por esterificação. É hidrolisável por ataque em meio ácido ou básico, gerando ácidos acético e butírico. Sob ação de calor (**Ensaio 3A**) libera vapores de odor desagradável, de ácido butírico. Tem densidade maior que 1 e é inflamável.

# CAPÍTULO 9

# O GRUPO VI
# POLÍMEROS TERMOPLÁSTICOS
# METACRÍLICOS

Na **Classe I**, que representa os polímeros termoplásticos, se enquadra também o **Grupo VI, Polímeros Termoplásticos Metacrílicos**. Estes polímeros são o poli(metacrilato de butila) (**PBMA**) e o poli(metacrilato de metila) (**PMMA**). Podem ser identificados pelos **Ensaios 16D** e **22**, detalhados no **Capítulo 22**. No **Quadro 12** e nos **Painéis 25** e **26** encontram-se indicações para a identificação desses materiais.

**Quadro 12**

| Caracterização do Grupo VI | | | | | |
|---|---|---|---|---|---|
| **Grupo** | **Subgrupo** | **Ensaio** | | | **Painel N.º** |
| | | **N.º** | **Verificação** | **Resultado** | |
| VI. Polímeros Termoplásticos Metacrílicos | — — | 16D 22 | Metacrilato | Solução azul | 25,26 |

## Painel 25

### Identificação de PBMA

| | |
|---|---|
| **Classe I** | • **Polímeros Termoplásticos**<br>• Caracterização da Classe:<br>    **Ensaio 3B**: Fusibilidade — Fusível<br>    **Ensaio 4A**: Solubilidade — Solúvel |
| **Grupo VI** | • **Polímeros Termoplásticos Metacrílicos**<br>• Caracterização do Grupo:<br>    **Ensaio 16D**: Identificação de ácido metacrílico — Solução azul<br>    **Ensaio 22**: Identificação de polímero metacrílico — Solução azul |
| **Subgrupo** | — |
| **Polímero** | **Poli(metacrilato de butila)**<br><br>$\sim\{CH_2\!-\!C(CH_3)[COO(CH_2)_3CH_3]\}_x\sim$ |
| **Identificação do polímero** | • **Ensaio 3A**: Pirólise<br>• **Ensaio 3B**: Fusibilidade<br>• **Ensaio 4A**: Solubilidade<br>• **Ensaio 10A**: Ataque por base forte — hidróxido de sódio/etanol<br>• **Ensaio 11A**: Ataque por ácido forte — ácido sulfúrico<br>• **Ensaio 16A**: Identificação de ácido carboxílico volátil em geral<br>• **Ensaio 16D**: Identificação de ácido metacrílico<br>• **Ensaio 19**: Identificação de éster alifático<br>• **Ensaio 22**: Identificação de polímero metacrílico<br>• **Ensaio 32**: Determinação da dureza<br>• **Ensaio 33**: Determinação da densidade<br>• **Ensaio 34**: Determinação da inflamabilidade |

**Observações**: **PBMA** é plástico, com cadeia saturada e grupos éster pendentes. É hidrolisável por ataque em meio ácido e básico, gerando poliácido e álcool. Sob ação de calor (**Ensaio 3A**), gera vapores de odor floral. Tem densidade maior que 1 e é inflamável. Distingue-se do **PMMA** por análise térmica instrumental.

## Painel 26

| | Identificação de PMMA |
|---|---|
| **Classe I** | • **Polímeros Termoplásticos**<br>• Caracterização da Classe:<br>    **Ensaio 3B**: Fusibilidade — Fusível<br>    **Ensaio 4A**: Solubilidade — Solúvel |
| **Grupo VI** | • **Polímeros Termoplásticos Metacrílicos**<br>• Caracterização do Grupo:<br>    **Ensaio 16D**: Identificação de —ácido metacrílico —Solução azul<br>    **Ensaio 22**: Identificação de polímero metacrílico — Solução azul |
| **Subgrupo** | — |
| **Polímero** | **Poli(metacrilato de metila)**<br><br>$\sim[CH_2{-}C(CH_3)(COOCH_3)]_x\sim$ |
| **Identificação do polímero** | • **Ensaio 3A**: Pirólise<br>• **Ensaio 3B**: Fusibilidade<br>• **Ensaio 4A**: Solubilidade<br>• **Ensaio 10A**: Ataque por hidróxido de sódio/etanol<br>• **Ensaio 11A**: Ataque por ácido sulfúrico<br>• **Ensaio 16A**: Identificação de ácido carboxílico volátil em geral<br>• **Ensaio 16D**: Identificação de ácido metacrílico<br>• **Ensaio 19**: Identificação de éster alifático<br>• **Ensaio 22**: Identificação de polímero metacrílico<br>• **Ensaio 32**: Determinação da dureza<br>• **Ensaio 33**: Determinação da densidade<br>• **Ensaio 34**: Determinação da inflamabilidade |

**Observações: PMMA** é plástico, com cadeia saturada e grupos éster pendentes. É hidrolisável por ataque em meio ácido e básico, gerando poliácido e álcool. Sob ação de calor (**Ensaio 3A**), gera vapores de odor floral. Tem densidade maior que 1 e é inflamável. Distingue-se do **PBMA** por análise térmica instrumental. Pode estar presente em misturas poliméricas com **PVDF** ou **PET** (**Capítulo 21**).

# CAPÍTULO 10

# O GRUPO VII
# POLÍMEROS TERMOPLÁSTICOS OXIMETILÊNICOS

No **Grupo VII**, na **Classe I**, se encontram os **Polímeros Termoplásticos Oximetilênicos**.

Deste Grupo faz parte apenas o polioximetileno (**POM**). Pode ser identificado pelos **Ensaios 18** e **23**, descritos no **Capítulo 22**.

No **Quadro 13** e no **Painel 27** encontram-se as informações para a identificação desse polímero.

**Quadro 13**

| Caracterização do Grupo VII | | | | | |
|---|---|---|---|---|---|
| Grupo | Subgrupo | Ensaio | | | Painel Nº |
| | | Nº | Verificação | Resultado | |
| VII. Polímeros Termoplásticos Oximetilênicos | — — | 18 23 | Aldeído fórmico | Coloração violácea | 27 |

## Painel 27

### Identificação de POM

| Classe I | • **Polímeros Termoplásticos**<br>• Caracterização da Classe:<br>    **Ensaio 3B**: Fusibilidade — Fusível<br>    **Ensaio 4A**: Solubilidade — Solúvel |
|---|---|
| Grupo VII | • **Polímeros Termoplásticos Oximetilênicos**<br>• Caracterização do Grupo:<br>    **Ensaio 18**: Identificação de aldeído fórmico — Coloração violácea<br>    **Ensaio 23**: Identificação de polímero oximetilênico — Coloração violácea |
| Subgrupo | — |
| Polímero | **Polioximetileno**<br><br>$\sim(CH_2{-}O)_x\sim$ |
| Identificação do polímero | • **Ensaio 3A**: Pirólise<br>• **Ensaio 3B**: Fusibilidade<br>• **Ensaio 4A**: Solubilidade<br>• **Ensaio 18**: Identificação de aldeído fórmico<br>• **Ensaio 23**: Identificação de polímero oximetilênico<br>• **Ensaio 32**: Determinação da dureza<br>• **Ensaio 33**: Determinação da densidade<br>• **Ensaio 34**: Determinação da inflamabilidade |

**Observações**: **POM** é plástico, com cadeia saturada, contendo alternadamente átomos de carbono e de oxigênio. Sob ação do calor (**Ensaio 3A**), decompõe-se liberando aldeído fórmico, de odor irritante. Tem densidade maior que 1 e é inflamável.

# CAPÍTULO 11

# O GRUPO VIII
## POLÍMEROS TERMOPLÁSTICOS ALQUIL-AROMÁTICOS

Na **Classe I**, o **Grupo VIII** representa os **Polímeros Termoplásticos Alquil-Aromáticos**. Desse Grupo fazem parte poliestireno de alto impacto (**HIPS**), poliestireno (**PS**), copoli(estireno/metacrilato de metila) (**PSMMA**), elastômero de copoli(estireno/butadieno) (**SBR cru**) e elastômero de copoli(estireno/isopreno) (**SIS cru**). Podem ser identificados pelos **Ensaios 24A e 24B**, explicitados no **Capítulo 22**. No **Quadro 14** e nos **Painéis 28** a **32** encontram-se as indicações para a identificação desses polímeros.

## Quadro 14

| Caracterização do Grupo VIII | | | | | |
|---|---|---|---|---|---|
| **Grupo** | **Subgrupo** | **Ensaio** | | | **Painel Nº** |
| | | **Nº** | **Verificação** | **Resultado** | |
| VIII. Polímeros Termoplásticos Alquil-aromáticos | — — | 24A 24B | Estireno | Espiral alaranjada | 28-32 |

## Painel 28

| Identificação de HIPS | |
|---|---|
| **Classe I** | • **Polímeros Termoplásticos**<br>• Caracterização da Classe:<br>    **Ensaio 3B**: Fusibilidade — Fusível<br>    **Ensaio 4A**: Solubilidade — Solúvel |
| **Grupo VIII** | • **Polímeros Termoplásticos Alquil-Aromáticos**<br>• Caracterização do Grupo:<br>    **Ensaio 24B**: Identificação de polímero estirênico com cal —<br>    Espiral alaranjada |
| **Subgrupo** | — |
| **Polímero** | **Poliestireno de alto impacto**<br><br>$\sim[CH_2{-}CH(C_6H_5)]_x \bullet [CH_2{-}CH{=}CH{-}CH_2]_y \sim$ |
| **Identificação do polímero** | • **Ensaio 3A**: Pirólise<br>• **Ensaio 3B**: Fusibilidade<br>• **Ensaio 4A**: Solubilidade<br>• **Ensaio 24B**: Identificação de polímero estirênico com cal<br>• **Ensaio 28**: Identificação de insaturação olefínica<br>• **Ensaio 32**: Determinação da dureza<br>• **Ensaio 33**: Determinação da densidade<br>• **Ensaio 34**: Determinação da inflamabilidade |

**Observações**: HIPS é plástico, obtido pela mistura de **PS** com elastômero **BR**, ou mistura de **PS** com elastômero **BR** graftizado com estireno. Contém cadeia insaturada. Tem densidade maior que 1 e é inflamável. Pode estar presente em mistura polimérica com **PPO** (**Capítulo 21**).

## Painel 29

### Identificação de PS

| Classe I | • **Polímeros Termoplásticos**<br>• Caracterização da Classe:<br>    **Ensaio 3B**: Fusibilidade — Fusível<br>    **Ensaio 4A**: Solubilidade — Solúvel |
|---|---|
| Grupo VIII | • **Polímeros Termoplásticos Alquil-Aromáticos**<br>• Caracterização do Grupo:<br>    **Ensaio 24A**: Identificação de polímero estirênico — Espiral alaranjada |
| Subgrupo | — |
| Polímero | **Poliestireno**<br><br>$\sim[CH_2—CH(C_6H_5)]_x\sim$ |
| Identificação do polímero | • **Ensaio 3A**: Pirólise<br>• **Ensaio 3B**: Fusiblidade<br>• **Ensaio 4A**: Solubilidade<br>• **Ensaio 24A**: Identificação de polímero estirênico sem cal<br>• **Ensaio 32**: Determinação da dureza<br>• **Ensaio 33**: Determinação da densidade<br>• **Ensaio 34**: Determinação da inflamabilidade |

**Observações**: **PS** é plástico, contendo cadeia saturada. Sob ação do calor (**Ensaio 3A**), libera vapores com odor característico. Tem densidade maior que 1 e é inflamável. Pode estar presente em misturas poliméricas com **PPO** ou **BR** (**Capítulo 21**).

## Painel 30

### Identificação de PSMMA

| | |
|---|---|
| **Classe I** | • **Polímeros Termoplásticos**<br>• Caracterização da Classe:<br>    **Ensaio 3B**: Fusibilidade — Fusível<br>    **Ensaio 4A**: Solubilidade — Solúvel |
| **Grupo VIII** | • **Polímeros Termoplásticos Alquil-Aromáticos**<br>• Caracterização do Grupo:<br>    **Ensaio 24A**: Identificação de polímero estirênico sem cal — Espiral alaranjada<br>    **Ensaio 16D**: Identificação de ácido metacrílico — Solução azul<br>    **Ensaio 22**: Identificação de polímero metacrílico — Solução azul |
| **Subgrupo** | — |
| **Polímero** | **Copoli(estireno/metacrilato de metila)**<br><br>$\sim[CH_2{-}CH(C_6H_5)]_x{-}[CH_2{-}C(CH_3)(COOCH_3)]_y\sim$ |
| **Identificação do polímero** | • **Ensaio 3A**: Pirólise<br>• **Ensaio 3B**: Fusibilidade<br>• **Ensaio 4A**: Solubilidade<br>• **Ensaio 10A**: Ataque por hidróxido de potássio/etanol<br>• **Ensaio 11A**: Ataque por ácido sulfúrico<br>• **Ensaio 16A**: Identificação de ácido carboxílico  volátil em geral<br>• **Ensaio 16D**: Identificação de ácido metacrílico<br>• **Ensaio 19**: Identificação de éster alifático<br>• **Ensaio 22**: Identificação de polímero metacrílico<br>• **Ensaio 24A**: Identificação de polímero estirênico sem cal<br>• **Ensaio 32**: Determinação da dureza<br>• **Ensaio 33**: Determinação da densidade<br>• **Ensaio 34**: Determinação da inflamabilidade |

**Observações**: **PSMMA** é plástico, contendo cadeia saturada. Responde aos mesmos Ensaios de **PS** e **PMMA**. Tem densidade maior que 1 e é inflamável.

## Painel 31

| Identificação de SBR cru | |
|---|---|
| **Classe I** | • **Polímeros Termoplásticos**<br>• Caracterização da Classe:<br>  **Ensaio 3B**: Fusibilidade — Fusível<br>  **Ensaio 4A**: Solubilidade — Solúvel |
| **Grupo VIII** | • **Polímeros Termoplásticos Alquil-Aromáticos**<br>• Caracterização do Grupo:<br>  **Ensaio 24B**: Identificação de polímero estirênico com cal - Espiral alaranjada |
| **Subgrupo** | — |
| **Polímero** | **Elastômero de copoli(estireno/butadieno)**<br><br>$\sim[CH_2{-}CH(C_6H_5)]_x{-}[CH_2{-}CH{=}CH{-}CH_2]_y\sim$ |
| **Identificação do polímero** | • **Ensaio 3A**: Pirólise<br>• **Ensaio 3B**: Fusibilidade<br>• **Ensaio 4A**: Solubilidade<br>• **Ensaio 24B**: Identificação de polímero estirênico com cal<br>• **Ensaio 28**: Identificação de insaturação olefínica<br>• **Ensaio 32**: Determinação da dureza<br>• **Ensaio 33**: Determinação da densidade<br>• **Ensaio 34**: Determinação da inflamabilidade |

**Observações**: **SBR** cru é polímero borrachoso, contendo cadeia insaturada. Tem densidade maior que 1 e é inflamável. **SBS**, um tipo de elastômero termoplástico, também sensível aos mesmos Ensaios empregados para **SBR cru**. São distinguidos por análise térmica instrumental e/ou cromatografia de permeação em gel.

## Painel 32

| Identificação de SIS cru | |
|---|---|
| **Classe I** | • **Polímeros Termoplásticos**<br>• Caracterização da Classe:<br>    **Ensaio 3B**: Fusibilidade — Fusível<br>    **Ensaio 4A**: Solubilidade — Solúvel |
| **Grupo VIII** | • **Polímeros Termoplásticos Alquil-Aromáticos**<br>• Caracterização do Grupo:<br>    **Ensaio 24B**: Identificação de polímero estirênico com cal —<br>    Espiral alaranjada |
| **Subgrupo** | — |
| **Polímero** | **Elastômero de copoli(estireno/isopreno)**<br><br>$\sim[CH_2—CH(C_6H_5)]_x—[CH_2—C(CH_3)=CH—CH_2]_y\sim$ |
| **Identificação do polímero** | • **Ensaio 3A**: Pirólise<br>• **Ensaio 3B**: Fusibilidade<br>• **Ensaio 4A**: Solubilidade<br>• **Ensaio 12A**: Ataque por mistura sulfocrômica<br>• **Ensaio 16A**: Identificação de ácido carboxílico volátil em geral<br>• **Ensaio 16C**: Identificação de ácido acético<br>• **Ensaio 24B**: Identificação de polímero estirênico com cal<br>• **Ensaio 28**: Identificação de insaturação olefínica<br>• **Ensaio 32**: Determinação da dureza<br>• **Ensaio 33**: Determinação da densidade<br>• **Ensaio 34**: Determinação da inflamabilidade |

**Observações**: **SIS cru** é polímero borrachoso, contendo cadeia insaturada. É atacado por mistura oxidante, gerando ácido acético. Tem densidade maior que 1 e é inflamável.

# CAPÍTULO 12

# O GRUPO IX
# POLÍMEROS TERMOPLÁSTICOS FENÓLICOS

Os **Polímeros Termoplásticos Fenólicos** fazem parte da **Classe I** e estão representados no **Grupo IX**.

Neste Grupo se incluem os poliésteres policarbonato (**PC**) e poliarilato (**PAR**). Podem ser identificados pelo **Ensaio 17B**, indicado no **Capítulo 22**.

No **Quadro 15** e nos **Painéis 33** e **34** encontram-se as indicações para a identificação desses polímeros.

## Quadro 15

| Caracterização do Grupo IX | | | | | |
|---|---|---|---|---|---|
| **Grupo** | **Subgrupo** | **Ensaio** | | | **Painel Nº** |
| | | **Nº** | **Verificação** | **Resultado** | |
| IX. Polímeros Termoplásticos Fenólicos | — — | 17B | Fenol | Solução amarelo-alaranjada | 33-34 |

## Painel 33

| | |
|---|---|
| **Identificação de PC** | |
| **Classe I** | • **Polímeros Termoplásticos**<br>• Caracterização da Classe:<br>  **Ensaio 3B**: Fusibilidade — Fusível<br>  **Ensaio 4A**: Solubilidade — Solúvel |
| **Grupo IX** | • **Polímeros Termoplásticos Fenólicos**<br>• Caracterização do Grupo:<br>  **Ensaio 17B**: Identificação de fenol sem substituinte em posição *o-* ou *p-* — Solução amarelo-alaranjada |
| **Subgrupo** | — |
| **Polímero** | **Policarbonato**<br><br>$\sim[O\text{---}C_6H_4\text{---}C(CH_3)_2\text{---}C_6H_4\text{---}OOC]_x\sim$ |
| **Identificação do polímero** | • **Ensaio 3A**: Pirólise<br>• **Ensaio 3B**: Fusibilidade<br>• **Ensaio 4A**: Solubilidade<br>• **Ensaio 10B**: Ataque por hidróxido de potássio / glicol etilênico<br>• **Ensaio 11A**: Ataque por ácido sulfúrico<br>• **Ensaio 12B**: Ataque por mistura sulfonítrica<br>• **Ensaio 17B**: Identificação de fenol sem substituinte em posição *o-* ou *p-*<br>• **Ensaio 24A**: Identificação de polímero estirênico sem cal<br>• **Ensaio 32**: Determinação da dureza<br>• **Ensaio 33**: Determinação da densidade<br>• **Ensaio 34**: Determinação da inflamabilidade |

**Observações: PC** é plástico, com cadeia contendo anéis aromáticos, ligados por grupos alquila e éster. É atacado por ácidos, bases e agentes oxidantes, gerando fenol. É sensível ao **Ensaio 24A**, resultando em espiral vermelha. Tem densidade maior que 1 e é inflamável. Pode estar presente em misturas poliméricas com **ABS**, **PBT**, **BR** ou **PET** (**Capítulo 21**).

## Painel 34

| Identificação de PAR | |
|---|---|
| **Classe I** | • **Polímeros Termoplásticos**<br>• Caracterização da Classe:<br>   **Ensaio 3B**: Fusibilidade — Fusível<br>   **Ensaio 4A**: Solubilidade — Solúvel |
| **Grupo IX** | • **Polímeros Termoplásticos Fenólicos**<br>• Caracterização do Grupo:<br>   **Ensaio 17B**: Identificação de fenol sem substituinte em posição *o-* ou *p-* — Solução amarelo-alaranjada |
| **Subgrupo** | — |
| **Polímero** | Poliarilato<br><br>~[CO—$C_6H_4$—COO—$C_6H_4$—$C(CH_3)_2$—$C_6H_4$—O]$_x$~ |
| **Identificação do polímero** | • **Ensaio 3A**: Pirólise<br>• **Ensaio 3B**: Fusibilidade<br>• **Ensaio 4A**: Solubilidade<br>• **Ensaio 10B**: Ataque por hidróxido de potássio/glicol etilênico<br>• **Ensaio 11A**: Ataque por ácido sulfúrico<br>• **Ensaio 12B**: Ataque por mistura sulfonítrica<br>• **Ensaio 16B**: Identificação de ácido carboxílico fixo em geral<br>• **Ensaio 17B**: Identificação de fenol sem substituinte em posição *o-* ou *p-*<br>• **Ensaio 24A**: Identificação de polímero estirênico sem cal<br>• **Ensaio 32**: Determinação da dureza<br>• **Ensaio 33**: Determinação da densidade<br>• **Ensaio 34**: Determinação da inflamabilidade |
| **Observações**: **PAR** é plástico, com cadeia contendo anéis aromáticos, ligados por grupos alquila e éster. É atacado por ácidos, bases e agentes oxidantes, gerando diácido e fenol. É sensível ao **Ensaio 24A**, resultando em espiral vermelha. Tem densidade maior que 1 e é inflamável. | |

# CAPÍTULO 13

# O GRUPO X
# POLÍMEROS TERMOPLÁSTICOS TEREFTÁLICOS

O **Grupo X** representa os **Polímeros Termoplásticos Tereftálicos**, enquadrados na **Classe I**.

O poliéster líquido-cristalino (**LCP**), poli(tereftalato de butileno) (**PBT**) e poli(tereftalato de etileno) (**PET**) compõem esse Grupo. Podem ser identificados pelo **Ensaio 16B**, detalhado no **Capítulo 22**.

No **Quadro 16** e nos **Painéis 35** a **37** encontram-se as indicações para a identificação desses polímeros.

## Quadro 16

| Caracterização do Grupo X | | | | | |
|---|---|---|---|---|---|
| **Grupo** | **Subgrupo** | **Ensaio** | | | **Painel Nº** |
| | | **Nº** | **Verificação** | **Resultado** | |
| X. Polímeros Termoplásticos Tereftálicos | — — | 16B | Ácido | Precipitado branco | 35-37 |

## Painel 35

| Identificação de LCP | |
|---|---|
| **Classe I** | • **Polímeros Termoplásticos**<br>• Caracterização da Classe:<br>    **Ensaio 3B**: Fusibilidade — Fusível<br>    **Ensaio 4A**: Solubilidade — Solúvel |
| **Grupo X** | • **Polímeros Termoplásticos Tereftálicos**<br>• Caracterização do Grupo:<br>    **Ensaio 16B**: Identificação de ácido carboxílico fixo em geral<br>    Precipitado branco |
| **Subgrupo** | — |
| **Polímero** | **Poliéster líquido-cristalino**<br><br>$\sim[O{-}C_6H_4{-}CO]_x{-}[O{-}C_{10}H_6{-}CO]_y\sim$ |
| **Identificação do polímero** | • **Ensaio 3A**: Pirólise<br>• **Ensaio 3B**: Fusibilidade<br>• **Ensaio 4A**: Solubilidade<br>• **Ensaio 10B**: Ataque por hidróxido de sódio/glicol etilênico<br>• **Ensaio 11A**: Ataque por ácido sulfúrico<br>• **Ensaio 12B**: Ataque por mistura sulfonítrica<br>• **Ensaio 16B**: Identificação de ácido carboxílico fixo em geral<br>• **Ensaio 17B**: Identificação de fenol sem substituinte em posição *o-* ou *p-*<br>• **Ensaio 32**: Determinação da dureza<br>• **Ensaio 33**: Determinação da densidade<br>• **Ensaio 34**: Determinação da inflamabilidade |

**Observações**: **LCP** é plástico, com cadeia contendo anéis aromáticos, ligados por grupos éster. É atacado por ácidos, bases e agentes oxidantes, gerando ácido e fenol. Tem densidade maior que 1 e é inflamável. Quando aquecido, mostra comportamento especial, visível à luz polarizada.

## Painel 36

### Identificação de PBT

| | |
|---|---|
| **Classe I** | • **Polímeros Termoplásticos**<br>• Caracterização da Classe:<br>    **Ensaio 3B**: Fusibilidade — Fusível<br>    **Ensaio 4A**: Solubilidade — Solúvel |
| **Grupo X** | • **Polímeros Termoplásticos Tereftálicos**<br>• Caracterização do Grupo:<br>    **Ensaio 16B**: Identificação de ácido carboxílico fixo em geral<br>    Precipitado branco |
| **Subgrupo** | — |
| **Polímero** | **Poli(tereftalato de butileno)**<br><br>$\sim[CO\!\!-\!\!C_6H_4\!\!-\!\!COO\!\!-\!\!(CH_2)_4\!\!-\!\!O]_x\sim$ |
| **Identificação do polímero** | • **Ensaio 3A**: Pirólise<br>• **Ensaio 3B**: Fusibilidade<br>• **Ensaio 4A**: Solubilidade<br>• **Ensaio 10B**: Ataque por hidróxido de potássio/glicol etilênico<br>• **Ensaio 11A**: Ataque por ácido sulfúrico<br>• **Ensaio 12B**: Ataque por mistura sulfonítrica<br>• **Ensaio 16B**: Identificação de ácido carboxílico fixo em geral<br>• **Ensaio 32**: Determinação da dureza<br>• **Ensaio 33**: Determinação da densidade<br>• **Ensaio 34**: Determinação da inflamabilidade |

**Observações**: **PBT** é plástico, com cadeia contendo anel aromático e grupo alquila, ligados alternadamente por grupos éster. É atacado por ácidos, bases e agentes oxidantes, gerando diácido e diálcool. Tem densidade maior que 1 e é inflamável. Pode estar presente em misturas poliméricas com **PET**, **PC** ou **BR** (**Capítulo 21**).

## Painel 37

### Identificação de PET

| | |
|---|---|
| **Classe I** | • **Polímeros Termoplásticos**<br>• Caracterização da Classe:<br>    **Ensaio 3B**: Fusibilidade — Fusível<br>    **Ensaio 4A**: Solubilidade — Solúvel |
| **Grupo X** | • **Polímeros Termoplásticos Tereftálicos**<br>• Caracterização do Grupo:<br>    **Ensaio 16B**: Identificação de ácido carboxílico fixo em geral<br>    Precipitado branco |
| **Subgrupo** | — |
| **Polímero** | **Poli(tereftalato de etileno)**<br><br>$\sim[CO\!-\!C_6H_4\!-\!COO\!-\!(CH_2)_2\!-\!O]_x\sim$ |
| **Identificação do polímero** | • **Ensaio 3A**: Pirólise<br>• **Ensaio 3B**: Fusibilidade<br>• **Ensaio 4A**: Solubilidade<br>• **Ensaio 10B**: Ataque por hidróxido de potássio/glicol etilênico<br>• **Ensaio 11A**: Ataque por ácido sulfúrico<br>• **Ensaio 12B**: Ataque por mistura sulfonítrica<br>• **Ensaio 16B**: Identificação de ácido carboxílico fixo em geral<br>• **Ensaio 32**: Determinação da dureza<br>• **Ensaio 33**: Determinação da densidade<br>• **Ensaio 34**: Determinação da inflamabilidade |

**Observações: PET** é plástico, também usado como fibra, com cadeia contendo anel aromático e grupo alquila, ligados alternadamente por grupos éster. É atacado por ácidos, bases e agentes oxidantes, gerando diácido e diálcool. Tem densidade maior que 1 e é inflamável. Pode estar presente em misturas poliméricas com **PMMA**, **PSF** ou **BR** (**Capítulo 21**).

# CAPÍTULO 14

# O GRUPO XI
# POLÍMEROS TERMOPLÁSTICOS HIDROLISÁVEIS

Ainda na **Classe I**, o **Grupo XI** constitui os **Polímeros Termoplásticos Hidrolisáveis**, identificados pelos **Ensaios 10A, 10B, 11A e 11B**, informados no **Capítulo 22**.

Esse Grupo é dividido em 2 Subgrupos: **Subgrupo VIII — Polímeros Termoplásticos Hidrolisáveis Estéricos** e **Subgrupo IX — Polímeros Termoplásticos Hidrolisáveis Acetálicos**, indicados a seguir: copoli(etileno/acetato de vinila (**EVA**), poli(acrilato de butila) (**PBA**), poli(acetato de vinila) (**PVAc**), poli(vinil butiral) (**PVB**) e poli(vinil formal) (**PVF**).

No **Quadro 17** e nos **Painéis 38 a 42** estão dispostos os ensaios importantes para a identificação desses polímeros.

## Quadro 17

| Caracterização dos Subgrupos do Grupo XI | | | | | | |
|---|---|---|---|---|---|---|
| **Grupo** | **Subgrupo** | | **Ensaio** | | | **Painel Nº** |
| | | | **Nº** | **Verificação** | **Resultado** | |
| XI. Polímeros Termoplásticos Hidrolisáveis | VIII | Polímeros termoplásticos hidrolisáveis estéricos | 10A, 10B e 11A | Ácido | Variável | 38-40 |
| | IX | Polímeros termoplásticos hidrolisáveis acetálicos | 10A e 11A | Ácido/Aldeído | Variável | 41-42 |

## Painel 38

### Identificação de EVA

| | |
|---|---|
| **Classe I** | • **Polímeros Termoplásticos**<br>• Caracterização da Classe:<br>    **Ensaio 3B**: Fusibilidade — Fusível<br>    **Ensaio 4A**: Solubilidade — Solúvel |
| **Grupo XI** | • **Polímeros Termoplásticos Hidrolisáveis**<br>• Caracterização do Grupo:<br>    **Ensaio 10B**: Ataque por base forte — Formação de ácido acético<br>    **Ensaio 11A**: Ataque por ácido forte — Formação de ácido acético |
| **Subgrupo VIII** | • **Polímeros Termoplásticos Hidrolisáveis Estéricos**<br>• Caracterização do Subgrupo:<br>    **Ensaio 10B**: Ataque por hidróxido de potássio / glicol etilênico Formação de ácido acético<br>    **Ensaio 11A**: Ataque por ácido sulfúrico — Formação de ácido acético |
| **Polímero** | **Copoli(etileno/acetato de vinila)**<br><br>$\sim[CH_2{-}CH_2]_x{-}[CH_2{-}CH(OAc)]_y\sim$ |
| **Identificação do polímero** | • **Ensaio 3A**: Pirólise<br>• **Ensaio 3B**: Fusibilidade<br>• **Ensaio 4A**: Solubilidade<br>• **Ensaio 10B**: Ataque por hidróxido de potássio/glicol etilênico<br>• **Ensaio 11A**: Ataque por ácido sulfúrico<br>• **Ensaio 12B**: Ataque por mistura sulfonítrica<br>• **Ensaio 16A**: Identificação de ácido carboxílico volátil em geral<br>• **Ensaio 16C**: Identificação de ácido acético<br>• **Ensaio 19**: Identificação de éster alifático<br>• **Ensaio 32**: Determinação da dureza<br>• **Ensaio 33**: Determinação da densidade<br>• **Ensaio 34**: Determinação da inflamabilidade |

**Observações:** EVA é plástico de cadeia saturada, contendo grupos éster pendentes. É atacado por ácidos, bases e agentes oxidantes, gerando poliálcool e ácido acético. Tem densidade maior que 1 e é inflamável.

## Painel 39

| Identificação de PBA | |
|---|---|
| **Classe I** | • **Polímeros Termoplásticos**<br>• Caracterização da Classe:<br>  **Ensaio 3B**: Fusibilidade — Fusível<br>  **Ensaio 4A**: Solubilidade — Solúvel |
| **Grupo XI** | • **Polímeros Termoplásticos Hidrolisáveis**<br>• Caracterização do Grupo:<br>  **Ensaio 10A**: Ataque por base forte — Formação de ácido carboxílico<br>  **Ensaio 11A**: Ataque por ácido forte — Formação de ácido carboxílico |
| **Subgrupo VIII** | • **Polímeros Termoplásticos Hidrolisáveis Estéricos**<br>• Caracterização do Subgrupo:<br>  **Ensaio 10A**: Ataque por hidróxido de potássio/etanol Formação de ácido carboxílico<br>  **Ensaio 11A**: Ataque por ácido sulfúrico — Formação de ácido carboxílico |
| **Polímero** | **Poli(acrilato de butila)**<br><br>$\sim[CH_2-CH(COOC_4H_9)]_x\sim$ |
| **Identificação do polímero** | • **Ensaio 3A**: Pirólise<br>• **Ensaio 3B**: Fusiblidade<br>• **Ensaio 4A**: Solubilidade<br>• **Ensaio 10A**: Ataque por hidróxido de potássio/etanol<br>• **Ensaio 11A**: Ataque por ácido sulfúrico<br>• **Ensaio 12B**: Ataque por mistura sulfonítrica<br>• **Ensaio 16B**: Identificação de ácido carboxílico fixo em geral<br>• **Ensaio 16D**: Identificação de ácido metacrílico<br>• **Ensaio 19**: Identificação de éster alifático<br>• **Ensaio 22**: Identificação de polímero metacrílico<br>• **Ensaio 32**: Determinação da dureza<br>• **Ensaio 33**: Determinação da densidade<br>• **Ensaio 34**: Determinação da inflamabilidade |

**Observações: PBA** é plástico de cadeia saturada, contendo grupos éster pendentes. É atacado por ácidos, bases e agentes oxidantes, gerando poliácido e álcool butílico. Responde negativamente aos **Ensaios 16D** e **22**. Tem densidade maior que 1 e é inflamável.

## Painel 40

| Identificação de PVAc | |
|---|---|
| **Classe I** | • **Polímeros Termoplásticos**<br>• Caracterização da Classe:<br>    **Ensaio 3B**: Fusibilidade — Fusível<br>    **Ensaio 4A**: Solubilidade — Solúvel |
| **Grupo XI** | • **Polímeros Termoplásticos Hidrolisáveis**<br>• Caracterização do Grupo:<br>    **Ensaio 10A**: Ataque por base forte — Formação de ácido acético<br>    **Ensaio 11A**: Ataque por ácido forte — Formação de ácido acético |
| **Subgrupo VIII** | • **Polímeros Termoplásticos Hidrolisáveis Estéricos**<br>• Caracterização do Subgrupo:<br>    **Ensaio 10A**: Ataque por hidróxido de potássio / etanol Formação de ácido acético<br>    **Ensaio 11A**: Ataque por ácido sulfúrico — Formação de ácido acético |
| **Polímero** | **Poli(acetato de vinila)**<br><br>$\sim[CH_2\text{---}CHOAc]_x\sim$ |
| **Identificação do polímero** | • **Ensaio 3A**: Pirólise<br>• **Ensaio 3B**: Fusiblidade<br>• **Ensaio 4A**: Solubilidade<br>• **Ensaio 10A**: Ataque por hidróxido de potássio/etanol<br>• **Ensaio 11A**: Ataque por ácido sulfúrico<br>• **Ensaio 12B**: Ataque por mistura sulfonítrica<br>• **Ensaio 16A**: Identificação de ácido carboxílico volátil em geral<br>• **Ensaio 16C**: Identificação de ácido acético<br>• **Ensaio 19**: Identificação de éster alifático<br>• **Ensaio 32**: Determinação da dureza<br>• **Ensaio 33**: Determinação da densidade<br>• **Ensaio 34**: Determinação da inflamabilidade |

**Observações**: PVAc é plástico de cadeia saturada, contendo grupos éster pendentes. É atacado por ácidos, bases e agentes oxidantes, gerando poliálcool e ácido acético. Tem densidade maior que 1 e é inflamável.

## Painel 41

| Identificação de PVB | |
|---|---|
| **Classe I** | • **Polímeros Termoplásticos**<br>• Caracterização da Classe:<br>    **Ensaio 3B**: Fusibilidade — Fusível<br>    **Ensaio 4A**: Solubilidade — Solúvel |
| **Grupo XI** | • **Polímeros Termoplásticos Hidrolisáveis**<br>• Caracterização do Grupo:<br>    **Ensaio 10A**: Ataque por base forte — Formação<br>    de ácido carboxílico<br>    **Ensaio 11A**: Ataque por ácido forte — Formação de ácido<br>    carboxílico |
| **Subgrupo IX** | • **Polímeros Termoplásticos Hidrolisáveis Acetálicos**<br>• Caracterização do Subgrupo:<br>    **Ensaio 10A**: Ataque por hidróxido de potássio/etanol<br>    Formação de ácido carboxílico<br>    **Ensaio 11A**: Ataque por ácido sulfúrico — Formação de ácido<br>    carboxílico |
| **Polímero** | **Poli(vinil butiral)**<br><br>$$\sim[CH_2-CH-CH_2-CH]_x\sim$$<br>$$O-CH-O$$<br>$$(CH_2)_2CH_3$$ |
| **Identificação do polímero** | • **Ensaio 3A**: Pirólise<br>• **Ensaio 3B**: Fusiblidade<br>• **Ensaio 4A**: Solubilidade<br>• **Ensaio 10A**: Ataque por hidróxido de potássio/etanol<br>• **Ensaio 11A**: Ataque por ácido sulfúrico<br>• **Ensaio 16A**: Identificação de ácido carboxílico volátil em geral<br>• **Ensaio 27A**: Identificação de polímero por complexação com iodo<br>• **Ensaio 32**: Determinação da dureza<br>• **Ensaio 33**: Determinação da densidade<br>• **Ensaio 34**: Determinação da inflamabilidade |

**Observações**: **PVB** é plástico de cadeia saturada, contendo grupos acetal pendentes. É hidrolisável por ácidos e bases, gerando poliálcool, além de aldeído volátil, com odor característico. Tem densidade maior que 1 e é inflamável.

## Painel 42

### Identificação de PVF

| | |
|---|---|
| **Classe I** | • **Polímeros Termoplásticos**<br>• Caracterização da Classe:<br>  **Ensaio 3B**: Fusibilidade — Fusível<br>  **Ensaio 4A**: Solubilidade — Solúvel |
| **Grupo XI** | • **Polímeros Termoplásticos Hidrolisáveis**<br>• Caracterização do Grupo:<br>  **Ensaio 10A**: Ataque por base forte — Formação de ácido acético<br>  **Ensaio 11A**: Ataque por ácido forte — Formação de ácido acético |
| **Subgrupo IX** | • **Polímeros Termoplásticos Hidrolisáveis Acetálicos**<br>• Caracterização do Subgrupo:<br>  **Ensaio 10A**: Ataque por hidróxido de potássio/etanol — Formação de ácido/aldeído<br>  **Ensaio 11A**: Ataque por ácido sulfúrico — Formação de ácido/aldeído |
| **Polímero** | **Poli(vinil formal)**<br><br>$$\sim[CH_2\!-\!CH\!-\!CH_2\!-\!CH]_x\sim$$<br>$$\qquad\quad\ \ \vert \qquad\qquad \vert$$<br>$$\qquad\ \ O - CH_2\!-\!O$$ |
| **Identificação do polímero** | • **Ensaio 3A**: Pirólise<br>• **Ensaio 3B**: Fusiblidade<br>• **Ensaio 4A**: Solubilidade<br>• **Ensaio 10A**: Ataque por hidróxido de potássio/etanol<br>• **Ensaio 11A**: Ataque por ácido sulfúrico<br>• **Ensaio 18**: Identificação de aldeído fórmico<br>• **Ensaio 23**: Identificação de polímero oximetilênico<br>• **Ensaio 27A**: Identificação de polímero por complexação com iodo<br>• **Ensaio 32**: Determinação da dureza<br>• **Ensaio 33**: Determinação da densidade<br>• **Ensaio 34**: Determinação da inflamabilidade |

**Observações**: PVF é plástico de cadeia saturada, contendo grupos acetal pendentes. É hidrolisável por ácidos e bases, gerando poliálcool, além de aldeído volátil, com odor característico. Tem densidade maior que 1 e é inflamável.

# CAPÍTULO 15

# O GRUPO XII
# OUTROS POLÍMEROS
# TERMOPLÁSTICOS

O **Grupo XII**, na **Classe I**, engloba **Outros Polímeros Termoplásticos**, identificados pelo **Ensaio 32**, indicado no **Capítulo 22**.

Esse Grupo é dividido em 2 Subgrupos: **Subgrupo X — Polímeros Termoplásticos Elastoméricos crus**, constituído por elastômero de poli(butadieno) (**BR cru**), elastômero de copoli(etileno/propileno/dieno) (**EPDM cru**), elastômero de copoli(isobutileno/ isopreno) (**IIR cru**), elastômero de poliisopreno (**IR cru**) e elastômero natural (**NR**), e pelo **Subgrupo XI — Polímeros Termoplásticos Não Elastoméricos**, formado por polietileno (**PE**), policetona (**PK**), polipropileno (**PP**) e poli(óxido de fenileno) (**PPO**).

O **Quadro 18** e os **Painéis 43 a 51** apresentam os ensaios importantes para a identificação dos polímeros que compõem o **Grupo XII**.

## Quadro 18

### Caracterização dos Subgrupos do Grupo XII

| Grupo | Subgrupo | | Ensaio | | | Painel Nº |
|-------|----------|--|--------|--|--|-----------|
| | | | Nº | Verificação | Resultado | |
| XII. Outros Polímeros Termoplásticos | X | Polímeros termoplásticos elastoméricos crus | 32 | Dureza | Macio | 43-47 |
| | XI | Polímeros termoplásticos não-elastoméricos | 32 | Dureza | Duro | 48-51 |

## Painel 43

| | Identificação de BR cru |
|---|---|
| **Classe I** | • **Polímeros Termoplásticos**<br>• Caracterização da Classe:<br>  **Ensaio 3B**: Fusibilidade — Fusível<br>  **Ensaio 4A**: Solubilidade — Solúvel |
| **Grupo XII** | • **Outros Polímeros Termoplásticos**<br>• Caracterização do Grupo: |
| **Subgrupo X** | • **Polímeros Termoplásticos Elastoméricos Crus**<br>• Caracterização do Subgrupo:<br>  **Ensaio 32**: Determinação da dureza |
| **Polímero** | **Elastômero de polibutadieno**<br><br>$\sim[CH_2\!-\!CH\!=\!CH\!-\!CH_2]_x\sim$ |
| **Identificação do polímero** | • **Ensaio 3A**: Pirólise<br>• **Ensaio 3B**: Fusiblidade<br>• **Ensaio 4A**: Solubilidade<br>• **Ensaio 28**: Identificação de insaturação olefínica<br>• **Ensaio 32**: Determinação da dureza<br>• **Ensaio 33**: Determinação da densidade<br>• **Ensaio 34**: Determinação da inflamabilidade |

**Observações**: **BR** cru é polímero borrachoso, com cadeia contendo insaturação olefínica. Tem densidade menor que 1 e é inflamável. Pode estar presente em misturas poliméricas com **PS**, **PC**, **PET** ou **PBT** (**Capítulo 21**).

## Painel 44

### Identificação de EPDM cru

| Classe I | • **Polímeros Termoplásticos**<br>• Caracterização da Classe:<br>    **Ensaio 3B**: Fusibilidade — Fusível<br>    **Ensaio 4A**: Solubilidade — Solúvel |
|---|---|
| Grupo XII | • **Outros Polímeros Termoplásticos**<br>• Caracterização do Grupo: |
| Subgrupo X | • **Polímeros Termoplásticos Elastoméricos Crus**<br>• Caracterização do Subgrupo:<br>    **Ensaio 32**: Determinação da dureza |
| Polímero | **Elastômero de copoli(etileno/propileno/dieno)**<br><br>$\sim[CH_2-CH_2]_x-[CH_2-CH(CH_3)]_y-[CH\text{------}CH]_z\sim$<br>$\qquad\qquad\qquad\qquad\qquad\qquad\qquad\quad \mid \qquad\qquad \mid$<br>$\qquad\qquad\qquad\qquad\qquad\qquad\quad H_2C\ -\ CH{=}CH$ |
| Identificação do polímero | • **Ensaio 3A**: Pirólise<br>• **Ensaio 3B**: Fusiblidade<br>• **Ensaio 4A**: Solubilidade<br>• **Ensaio 28**: Identificação de insaturação olefínica<br>• **Ensaio 32**: Determinação da dureza<br>• **Ensaio 33**: Determinação da densidade<br>• **Ensaio 34**: Determinação da inflamabilidade |

**Observações**: **EPDM cru** é polímero borrachoso, com cadeia saturada e poucos grupos insaturados pendentes. Tem densidade menor que 1 e é inflamável. Pode estar presente em misturas poliméricas com **PP**, **SAN** ou **PA** (**Capítulo 21**).

## Painel 45

| Identificação de IIR cru | |
| --- | --- |
| Classe I | • **Polímeros Termoplásticos**<br>• Caracterização da Classe:<br>    **Ensaio 3B**: Fusibilidade — Fusível<br>    **Ensaio 4A**: Solubilidade — Solúvel |
| Grupo XII | • **Outros Polímeros Termoplásticos**<br>• Caracterização do Grupo: |
| Subgrupo X | • **Polímeros Termoplásticos Elastoméricos Crus**<br>• Caracterização do Subgrupo:<br>    **Ensaio 32**: Determinação da dureza |
| Polímero | **Elastômero de copoli(isobutileno/isopreno)**<br><br>$\sim[CH_2—C(CH_3)_2]_x—[CH_2—C(CH_3)=CH—CH_2]_y\sim$ |
| Identificação do polímero | • **Ensaio 3A**: Pirólise<br>• **Ensaio 3B**: Fusiblidade<br>• **Ensaio 4A**: Solubilidade<br>• **Ensaio 29**: Identificação de poliisobutileno<br>• **Ensaio 32**: Determinação da dureza<br>• **Ensaio 33**: Determinação da densidade<br>• **Ensaio 34**: Determinação da inflamabilidade |

**Observações: IIR cru** é polímero borrachoso, com cadeia contendo muito pouca insaturação olefínica. Tem densidade menor que 1 e é inflamável.

## Painel 46

| Identificação de IR cru | |
|---|---|
| **Classe I** | • **Polímeros Termoplásticos**<br>• Caracterização da Classe:<br>    **Ensaio 3B**: Fusibilidade — Fusível<br>    **Ensaio 4A**: Solubilidade — Solúvel |
| **Grupo XII** | • **Outros Polímeros Termoplásticos**<br>• Caracterização do Grupo: |
| **Subgrupo X** | • **Polímeros Termoplásticos Elastoméricos Crus**<br>• Caracterização do Subgrupo:<br>    **Ensaio 32**: Determinação da dureza |
| **Polímero** | **Elastômero de poliisopreno**<br><br>$\sim[CH_2{-}C(CH_3){=}CH{-}CH_2]_x\sim$ |
| **Identificação do polímero** | • **Ensaio 3A**: Pirólise<br>• **Ensaio 3B**: Fusiblidade<br>• **Ensaio 4A**: Solubilidade<br>• **Ensaio 8**: Identificação de fósforo<br>• **Ensaio 12A**: Ataque por mistura sulfocrômica<br>• **Ensaio 16A**: Identificação de ácido carboxílico volátil em geral<br>• **Ensaio 16C**: Identificação de ácido acético<br>• **Ensaio 28**: Identificação de insaturação olefínica<br>• **Ensaio 32**: Determinação da dureza<br>• **Ensaio 33**: Determinação da densidade<br>• **Ensaio 34**: Determinação da inflamabilidade |

**Observações**: **IR cru** é polímero borrachoso, com cadeia contendo insaturação olefínica. É atacado por agente oxidante, gerando ácido acético. Responde negativamente ao **Ensaio 8**, distinguindo-se de **NR**. Tem densidade menor que 1 e é inflamável.

## Painel 47

| Identificação de NR cru | |
|---|---|
| Classe I | • **Polímeros Termoplásticos**<br>• Caracterização da Classe:<br>　**Ensaio 3B**: Fusibilidade — Fusível<br>　**Ensaio 4A**: Solubilidade — Solúvel |
| Grupo XII | • **Outros Polímeros Termoplásticos**<br>• Caracterização do Grupo: |
| Subgrupo X | • **Polímeros Termoplásticos Elastoméricos Crus**<br>• Caracterização do Subgrupo:<br>　**Ensaio 32**: Determinação da dureza |
| Polímero | **Borracha Natural**<br><br>　　$\sim[CH_2{-}C(CH_3){=}CH{-}CH_2]_x\sim$ |
| Identificação do polímero | • **Ensaio 3A**: Pirólise<br>• **Ensaio 3B**: Fusiblidade<br>• **Ensaio 4A**: Solubilidade<br>• **Ensaio 8**: Identificação de fósforo<br>• **Ensaio 12A**: Ataque por mistura sulfocrômica<br>• **Ensaio 16A**: Identificação de ácido carboxílico volátil em geral<br>• **Ensaio 16C**: Identificação de ácido acético<br>• **Ensaio 28**: Identificação de insaturação olefínica<br>• **Ensaio 32**: Determinação da dureza<br>• **Ensaio 33**: Determinação da densidade<br>• **Ensaio 34**: Determinação da inflamabilidade |

**Observações: NR cru** (elastômero de *cis*-poli-isopreno) é polímero borrachoso, com cadeia contendo insaturação olefínica. É atacado por agente oxidante, gerando ácido acético. Responde positivamente ao **Ensaio 8**, distinguindo-se de **IR**, que é elastômero de poliisopreno sintético. Tem densidade menor que 1 e é inflamável.

## Painel 48

### Identificação de PE

| Classe I | • **Polímeros Termoplásticos**<br>• Caracterização da Classe:<br>  **Ensaio 3B**: Fusibilidade — Fusível<br>  **Ensaio 4A**: Solubilidade — Solúvel |
|---|---|
| **Grupo XII** | • **Outros Polímeros Termoplásticos**<br>• Caracterização do Grupo: |
| **Subgrupo XI** | • **Polímeros Termoplásticos Não-Elastoméricos**<br>• Caracterização do Subgrupo:<br>  **Ensaio 32**: Determinação da dureza |
| **Polímero** | **Polietileno**<br><br>$\sim[CH_2{-}CH_2]_x\sim$ |
| **Identificação do polímero** | • **Ensaio 3A**: Pirólise<br>• **Ensaio 3B**: Fusiblidade<br>• **Ensaio 4A**: Solubilidade<br>• **Ensaio 30**: Identificação de polímero parafínico<br>• **Ensaio 32**: Determinação da dureza<br>• **Ensaio 33**: Determinação da densidade<br>• **Ensaio 34**: Determinação da inflamabilidade |

**Observações**: **PE** é plástico, com cadeia saturada. É distinguido de **PP** através do **Ensaio 30**. Industrialmente, há diversos tipos de **PE**, sendo os principais **LDPE** e **HDPE**, distinguíveis por análise térmica instrumental. Tem densidade menor que 1 e é inflamável. Pode estar presente em mistura polimérica com $PA_{alifática}$ (**Capítulo 21**)

## Painel 49

### Identificação de PK

| | |
|---|---|
| **Classe I** | • **Polímeros Termoplásticos**<br>• Caracterização da Classe:<br>    **Ensaio 3B**: Fusibilidade — Fusível<br>    **Ensaio 4A**: Solubilidade — Solúvel |
| **Grupo XII** | • **Outros Polímeros Termoplásticos**<br>• Caracterização do Grupo: |
| **Subgrupo XI** | • **Polímeros Termoplásticos Não-Elastoméricos**<br>• Caracterização do Subgrupo:<br>    **Ensaio 32**: Determinação da dureza |
| **Polímero** | Policetona<br><br>$\sim[C_6H_4\!-\!CO\!-\!C_6H_4]_x\sim$ |
| **Identificação do polímero** | • **Ensaio 3A**: Pirólise<br>• **Ensaio 3B**: Fusiblidade<br>• **Ensaio 4A**: Solubilidade<br>• **Ensaio 12C**: Ataque por dióxido de manganês/ácido sulfúrico<br>• **Ensaio 17B**: Identificação de fenol sem substituinte em posição *o-* ou *p-*<br>• **Ensaio 32**: Determinação da dureza<br>• **Ensaio 33**: Determinação da densidade<br>• **Ensaio 34**: Determinação da inflamabilidade |

**Observações: PK** é plástico, com cadeia contendo anéis aromáticos, ligados por grupos cetona e éter. É atacado por agente oxidante, gerando quinona. Sob ação de calor (**Ensaio 3A**), gera fenol. Tem densidade maior que 1 e é inflamável.

## Painel 50

| Identificação de PP | |
|---|---|
| **Classe I** | • **Polímeros Termoplásticos**<br>• Caracterização da Classe:<br>    **Ensaio 3B**: Fusibilidade — Fusível<br>    **Ensaio 4A**: Solubilidade — Solúvel |
| **Grupo XII** | • **Outros Polímeros Termoplásticos**<br>• Caracterização do Grupo: |
| **Subgrupo XI** | • **Polímeros Termoplásticos Não-Elastoméricos**<br>• Caracterização do Subgrupo:<br>    **Ensaio 32**: Determinação da dureza |
| **Polímero** | **Polipropileno**<br><br>    $\sim[CH_2—CH(CH_3)]_x\sim$ |
| **Identificação do polímero** | • **Ensaio 3A**: Pirólise<br>• **Ensaio 3B**: Fusiblidade<br>• **Ensaio 4A**: Solubilidade<br>• **Ensaio 30**: Identificação de polímero parafínico<br>• **Ensaio 32**: Determinação da dureza<br>• **Ensaio 33**: Determinação da densidade<br>• **Ensaio 34**: Determinação da inflamabilidade |

**Observações: PP** é plástico, com cadeia saturada. É distinguido de **PE** através do **Ensaio 30**. Tem densidade menor que 1 e é inflamável. Pode estar presente em misturas poliméricas com **PB** ou **EPDM** (**Capítulo 21**).

## Painel 51

### Identificação de PPO

| | |
|---|---|
| **Classe I** | • **Polímeros Termoplásticos**<br>• Caracterização da Classe:<br>    **Ensaio 3B**: Fusibilidade — Fusível<br>    **Ensaio 4A**: Solubilidade — Solúvel |
| **Grupo XII** | • **Outros Polímeros Termoplásticos**<br>• Caracterização do Grupo: |
| **Subgrupo XI** | • **Polímeros Termoplásticos Não-Elastoméricos**<br>• Caracterização do Subgrupo:<br>    **Ensaio 32**: Determinação da dureza |
| **Polímero** | **Poli(óxido de fenileno)**<br><br>$\sim[C_6H_2(CH_3)_2\!\!-\!\!O]_x\sim$ |
| **Identificação do polímero** | • **Ensaio 3A**: Pirólise<br>• **Ensaio 3B**: Fusiblidade<br>• **Ensaio 4A**: Solubilidade<br>• **Ensaio 12C**: Ataque por dióxido de manganês / ácido sulfúrico<br>• **Ensaio 17B**: Identificação de fenol sem substituinte em posição *o*- ou *p*-<br>• **Ensaio 32**: Determinação da dureza<br>• **Ensaio 33**: Determinação da densidade<br>• **Ensaio 34**: Determinação da inflamabilidade |

**Observações:** PPO é plástico, com cadeia contendo anéis aromáticos ligados por grupos éter. É atacado por agente oxidante, formando quinona. Sob ação de calor (**Ensaio 3A**), gera fenol. Tem densidade maior que 1 e é inflamável. Pode estar presente em misturas poliméricas com **PS**, **PA** ou **HIPS** (**Capítulo 21**).

# CAPÍTULO 16

# O GRUPO XIII
# POLÍMEROS TERMORRÍGIDOS FÍSICOS POLISSACARÍDICOS

Na **Classe II**, que abrange os **Polímeros Termorrígidos Físicos**, se encontra o **Grupo XIII**, representando os **Polímeros Termorrigidos Físicos Polissacarídicos**, identificados pelos **Ensaios 21A** e **21B**, descritos no **Capítulo 22**.

Esse Grupo é dividido em 2 Subgrupos: **Subgrupo XII — Polímeros Termorrígidos Físicos Polissacarídicos Ácidos**, constituído por alginato, carragenana, sal de sódio de carboxi-metil celulose e xantana, e pelo **Subgrupo XIII —Polímeros Termorrígidos Físicos Polissacarídicos Neutros**, formado por agarose, amido, celulose regenerada (**RC**), nitrato de celulose (**CN**), hidroxi-etil-celulose (**HEC**) e metil-celulose (**MC**), identificados pelos **Ensaios 16B** e **27**.

No **Quadro 19** e nos **Painéis 52** a **61** encontram-se os ensaios importantes para a identificação desses polímeros.

## Quadro 19

| Caracterização dos Subgrupos do Grupo XIII | | | | | | |
|---|---|---|---|---|---|---|
| **Grupo** | **Subgrupo** | | **Ensaio** | | | **Painel Nº** |
| | | | **Nº** | **Verificação** | **Resultado** | |
| XIII. Polímeros Termorrígidos Físicos Polissacarídicos | XII | Polímeros termorrígidos físicos polissacarídicos ácidos | 16B e 27 | Ácido e hidroxila | Precipitado branco e complexação | 52-55 |
| | XIII | Polímeros termorrígidos físicos polissacarídicos neutros | 27 | Hidroxila | Complexação | 56-61 |

## Painel 52

### Identificação de Alginato

| | |
|---|---|
| **Classe II** | • **Polímeros Termorrígidos Físicos**<br>• Caracterização da Classe:<br>    **Ensaio 3B**: Fusibilidade — Infusível<br>    **Ensaio 4A**: Solubilidade — Solúvel |
| **Grupo XIII** | • **Polímeros Termorrígidos Físicos Polissacarídicos**<br>• Caracterização do Grupo:<br>    **Ensaio 21A**: Identificação de polissacarídeo — Mancha rosa<br>    **Ensaio 21B**: Identificação de polissacarídeo — Anel verde |
| **Subgrupo XII** | • **Polímeros Termorrígidos Físicos Polissacarídicos Ácidos**<br>• Caracterização do Subgrupo:<br>    **Ensaio 16B**: Identificação de ácido carboxílico fixo em geral<br>    Precipitado branco |
| **Polímero** | **Alginato**<br><br> |
| **Identificação do polímero** | • **Ensaio 3A**: Pirólise<br>• **Ensaio 3B**: Fusiblidade<br>• **Ensaio 4A**: Solubilidade<br>• **Ensaio 16B**: Identificação de ácido carboxílico fixo em geral<br>• **Ensaio 21A**: Identificação de polissacarídeo com acetato de anilina<br>• **Ensaio 21B**: Identificação de polissacarídeo com benzeno e etanol<br>• **Ensaio 27A**: Identificação de polímero por complexação com iodo<br>• **Ensaio 32**: Determinação da dureza<br>• **Ensaio 33**: Determinação da densidade<br>• **Ensaio 34**: Determinação da inflamabilidade |

**Observações: Alginato** é polímero natural de estrutura complexa, contendo na cadeia grupos ácido e hidroxila. Sob a forma de sal de sódio, é solúvel em água. Sob a forma de sal de cálcio, é solúvel em solução aquosa de carbonato de sódio, porém insolúvel em água, em solução aquosa a 10% de NaOH e em mistura DMSO/$H_2O$ (9:1). Tem densidade maior que 1 e é inflamável.

## Painel 53

| **Identificação de Carragenana** | |
|---|---|
| **Classe I** | • **Polímeros Termorrígidos Físicos**<br>• Caracterização da Classe:<br> **Ensaio 3B**: Fusibilidade — Infusível<br> **Ensaio 4A**: Solubilidade — Solúvel |
| **Grupo XIII** | • **Polímeros Termorrígidos Físicos Polissacarídicos**<br>• Caracterização do Grupo:<br> **Ensaio 21A**: Identificação de polissacarídeo — Mancha rosa<br> **Ensaio 21B**: Identificação de polissacarídeo — Anel verde |
| **Subgrupo XII** | • **Polímeros Termorrígidos Físicos Polissacarídicos Ácidos**<br>• Caracterização do Subgrupo:<br> **Ensaio 16B**: Identificação de ácido carboxílico fixo em geral<br> Precipitado branco |
| **Polímero** | Carragenana<br> |
| **Identificação do polímero** | • **Ensaio 3A**: Pirólise<br>• **Ensaio 3B**: Fusiblidade<br>• **Ensaio 4A**: Solubilidade<br>• **Ensaio 7A**: Identificação de enxofre combinado<br>• **Ensaio 16B**: Identificação de ácido carboxílico fixo em geral<br>• **Ensaio 21A**: Identificação de polissacarídeo com acetato de anilina<br>• **Ensaio 21B**: Identificação de polissacarídeo com benzeno e etanol<br>• **Ensaio 27A**: Identificação de polímero por complexação com iodo<br>• **Ensaio 32**: Determinação da dureza<br>• **Ensaio 33**: Determinação da densidade<br>• **Ensaio 34**: Determinação da inflamabilidade |

**Observações**: **Carragenana** é polímero natural de estrutura complexa, contendo na cadeia grupos sulfonila e hidroxila. É solúvel em água e em solução aquosa de NaOH. É insolúvel em mistura DMSO/$H_2O$ (9:1) a frio e solúvel a quente. Tem densidade maior que 1 e é inflamável.

## Painel 54

| | |
|---|---|
| **Identificação de SCMC** | |
| **Classe II** | • **Polímeros Termorrígidos Físicos**<br>• Caracterização da Classe:<br>    **Ensaio 3B**: Fusibilidade — Infusível<br>    **Ensaio 4A**: Solubilidade — Solúvel |
| **Grupo XIII** | • **Polímeros Termorrígidos Físicos Polissacarídicos**<br>• Caracterização do Grupo:<br>    **Ensaio 21A**: Identificação de polissacarídeo — Mancha rosa<br>    **Ensaio 21B**: Identificação de polissacarídeo — Anel verde |
| **Subgrupo XII** | • **Polímeros Termorrígidos Físicos Polissacarídicos Ácidos**<br>• Caracterização do Subgrupo:<br>    **Ensaio 16B**: Identificação de ácido carboxílico fixo em geral<br>    Precipitado branco |
| **Polímero** | **Sal de sódio de carboxi-metil-celulose**<br><br>$$\left[ \begin{array}{c} \text{CH}_2\text{OCH}_2\text{COOH} \\ \text{(Na)} \end{array} \right]_n$$ |
| **Identificação do polímero** | • **Ensaio 3A**: Pirólise<br>• **Ensaio 3B**: Fusiblidade<br>• **Ensaio 4A**: Solubilidade<br>• **Ensaio 16B**: Identificação de ácido carboxílico fixo em geral<br>• **Ensaio 21A**: Identificação de polissacarídeo com acetato de anilina<br>• **Ensaio 21B**: Identificação de polissacarídeo com benzeno e etanol<br>• **Ensaio 27A**: Identificação de polímero por complexação com iodo<br>• **Ensaio 32**: Determinação da dureza<br>• **Ensaio 33**: Determinação da densidade<br>• **Ensaio 34**: Determinação da inflamabilidade |

**Observações**: **SCMC** é polímero natural modificado, obtido da celulose por eterificação. Contém grupamentos carboxila e hidroxila. É solúvel em água e insolúvel em mistura DMSO/$H_2O$ (9:1). Tem densidade maior que 1 e é inflamável.

## Painel 55

### Identificação de Xantana

| | |
|---|---|
| **Classe II** | • **Polímeros Termorrígidos Físicos**<br>• Caracterização da Classe:<br>    **Ensaio 3B**: Fusibilidade — Infusível<br>    **Ensaio 4A**: Solubilidade — Solúvel |
| **Grupo XIII** | • **Polímeros Termorrígidos Físicos Polissacarídicos**<br>• Caracterização do Grupo:<br>    **Ensaio 21A**: Identificação de polissacarídeo — Mancha rosa<br>    **Ensaio 21B**: Identificação de polissacarídeo — Anel verde |
| **Subgrupo XII** | • **Polímeros Termorrígidos Físicos Polissacarídicos Ácidos**<br>• Caracterização do Subgrupo:<br>    **Ensaio 16B**: Identificação de ácido carboxílico fixo em geral<br>    Precipitado branco |
| **Polímero** | **Xantana**<br><br>OH<br>H<br>H O O<br>H<br>H H<br>O CH$_2$O<br>C<br>CH$_3$ COOH |
| **Identificação do polímero** | • **Ensaio 3A**: Pirólise<br>• **Ensaio 3B**: Fusiblidade<br>• **Ensaio 4A**: Solubilidade<br>• **Ensaio 16B**: Identificação de ácido carboxílico fiso em geral<br>• **Ensaio 21A**: Identificação de polissacarídeo com acetato de anilina<br>• **Ensaio 21B**: Identificação de polissacarídeo com benzeno e etanol<br>• **Ensaio 27A**: Identificação de polímero por complexação com iodo<br>• **Ensaio 32**: Determinação da dureza<br>• **Ensaio 33**: Determinação da densidade<br>• **Ensaio 34**: Determinação da inflamabilidade |

**Observações**: **Xantana** é polímero natural de estrutura complexa, contendo na cadeia grupos carboxila e hidroxila. É solúvel em solução aquosa de NaOH e, insolúvel em água e em mistura DMSO/H$_2$O (9:1). Tem densidade maior que 1 e é inflamável.

## Painel 56

### Identificação de Agarose

| | |
|---|---|
| **Classe II** | • **Polímeros Termorrígidos Físicos**<br>• Caracterização da Classe:<br>    **Ensaio 3B**: Fusibilidade — Infusível<br>    **Ensaio 4A**: Solubilidade — Solúvel |
| **Grupo XIII** | • **Polímeros Termorrígidos Físicos Polissacarídicos**<br>• Caracterização do Grupo:<br>    **Ensaio 21A**: Identificação de polissacarídeo — Mancha rosa<br>    **Ensaio 21B**: Identificação de polissacarídeo — Anel verde |
| **Subgrupo XIII** | • **Polímeros Termorrígidos Físicos Polissacarídicos Neutros**<br>• Caracterização do Subgrupo:<br>    **Ensaio 27A**: Identificação de polímero por complexação com iodo — Coloração avermelhada |
| **Polímero** | **Agarose**<br> |
| **Identificação do polímero** | • **Ensaio 3A**: Pirólise<br>• **Ensaio 3B**: Fusiblidade<br>• **Ensaio 4A**: Solubilidade<br>• **Ensaio 21A**: Identificação de polissacarídeo com acetato de anilina<br>• **Ensaio 21B**: Identificação de polissacarídeo com benzeno e etanol<br>• **Ensaio 27A**: Identificação de polímero por complexação com iodo<br>• **Ensaio 32**: Determinação da dureza<br>• **Ensaio 33**: Determinação da densidade<br>• **Ensaio 34**: Determinação da inflamabilidade |

**Observações**: **Agarose** é polímero natural de estrutura complexa, contendo na cadeia grupos hidroxila. É solúvel em água e em mistura DMSO/$H_2O$ (9:1). Tem densidade maior que 1 e é inflamável.

## Painel 57

### Identificação de Amido

| Classe II | • **Polímeros Termorrígidos Físicos**<br>• Caracterização da Classe:<br>    **Ensaio 3B**: Fusibilidade — Infusível<br>    **Ensaio 4A**: Solubilidade , Solúvel |
|---|---|
| Grupo XIII | • **Polímeros Termorrígidos Físicos Polissacarídicos**<br>• Caracterização do Grupo:<br>    **Ensaio 21A**: Identificação de polissacarídeo — Mancha rosa<br>    **Ensaio 21B**: Identificação de polissacarídeo — Anel verde |
| Subgrupo XIII | • **Polímeros Termorrígidos Físicos Polissacarídicos Neutros**<br>• Caracterização do Subgrupo:<br>    **Ensaio 27A**: Identificação de polímero por complexação com iodo — Coloração azul |
| Polímero | **Amido**<br> |
| Identificação do polímero | • **Ensaio 2**: Microscopia ótica<br>• **Ensaio 3A**: Pirólise<br>• **Ensaio 3B**: Fusiblidade<br>• **Ensaio 4A**: Solubilidade<br>• **Ensaio 21A**: Identificação de polissacarídeo com acetato de anilina<br>• **Ensaio 21B**: Identificação de polissacarídeo com benzeno e etanol<br>• **Ensaio 27A**: Identificação de polímero por complexação com iodo<br>• **Ensaio 32**: Determinação da dureza<br>• **Ensaio 33**: Determinação da densidade<br>• **Ensaio 34**: Determinação da inflamabilidade |

**Observações: Amido** é polímero natural, contendo na cadeia grupos hidroxila. Ocorre como formações granulares, visíveis ao microscópio ótico, distinguindo-se da celulose, que é fibrosa. É insolúvel em água e solúvel em mistura DMSO/$H_2O$ (9:1). Tem densidade maior que 1 e é inflamável.

## Painel 58

| Identificação de RC | |
|---|---|
| **Classe II** | • **Polímeros Termorrígidos Físicos**<br>• Caracterização da Classe:<br>    **Ensaio 3B**: Fusibilidade — Infusível<br>    **Ensaio 4A**: Solubilidade — Solúvel |
| **Grupo XIII** | • **Polímeros Termorrígidos Físicos Polissacarídicos**<br>• Caracterização do Grupo:<br>    **Ensaio 21A**: Identificação de polissacarídeo — Mancha rosa<br>    **Ensaio 21B**: Identificação de polissacarídeo — Anel verde |
| **Subgrupo XIII** | • **Polímeros Termorrígidos Físicos Polissacarídicos Neutros**<br>• Caracterização do Subgrupo:<br>    **Ensaio 27A**: Identificação de polímero por complexação com iodo — Coloração avermelhada |
| **Polímero** | **Celulose regenerada**<br><br> |
| **Identificação do polímero** | • **Ensaio 2**: Microscopia ótica<br>• **Ensaio 3A**: Pirólise<br>• **Ensaio 3B**: Fusiblidade<br>• **Ensaio 4A**: Solubilidade<br>• **Ensaio 21A**: Identificação de polissacarídeo com acetato de anilina<br>• **Ensaio 21B**: Identificação de polissacarídeo com benzeno e etanol<br>• **Ensaio 27A**: Identificação de polímero por complexação com iodo<br>• **Ensaio 32**: Determinação da dureza<br>• **Ensaio 33**: Determinação da densidade<br>• **Ensaio 34**: Determinação da inflamabilidade |

**Observações: RC** é polímero obtido pela modificação química da celulose, que é polímero natural. A cadeia contém grupos hidroxila. A estrutura química é semelhante à da celulose natural. Distingue-se desta porque o produto natural tem morfologia própria, irregular, tanto longitudinalmente quanto em corte transversal, que revelam aspectos próprios da planta de origem — algodão, linho, etc. É insolúvel em água e em solução aquosa de NaOH e solúvel em mistura DMSO/$H_2O$ (9:1). Tem densidade maior que 1 e é inflamável.

## Painel 59

| Identificação de CN | |
|---|---|
| **Classe II** | • **Polímeros Termorrígidos Físicos**<br>• Caracterização da Classe:<br>**Ensaio 3B**: Fusibilidade — Infusível<br>**Ensaio 4A**: Solubilidade — Solúvel |
| **Grupo XIII** | • **Polímeros Termorrígidos Físicos Polissacarídicos**<br>• Caracterização do Grupo:<br>**Ensaio 21A**: Identificação de polissacarídeo — Mancha rosa<br>**Ensaio 21B**: Identificação de polissacarídeo — Anel verde |
| **Subgrupo XIII** | • **Polímeros Termorrígidos Físicos Polissacarídicos Neutros**<br>• Caracterização do Subgrupo:<br>**Ensaio 27A**: Identificação de polímero por complexação com iodo — Coloração avermelhada |
| **Polímero** | **Nitrato de celulose**<br><br>$$\left[\begin{array}{c} CH_2ONO_2 \\ \end{array}\right]_n$$ |
| **Identificação do polímero** | • **Ensaio 3A**: Pirólise<br>• **Ensaio 3B**: Fusiblidade<br>• **Ensaio 4A**: Solubilidade<br>• **Ensaio 21A**: Identificação de polissacarídeo com acetato de anilina<br>• **Ensaio 21B**: Identificação de polissacarídeo com benzeno e etanol<br>• **Ensaio 27A**: Identificação de polímero por complexação com iodo<br>• **Ensaio 31**: Identificação de grupo oxidante<br>• **Ensaio 32**: Determinação da dureza<br>• **Ensaio 33**: Determinação da densidade<br>• **Ensaio 34**: Determinação da inflamabilidade |

**Observações**: **CN** é polímero natural modificado, obtido da celulose por nitração. Contém na cadeia grupos nitro e hidroxila. É solúvel em clorofórmio. Responde de modo diferente ao **Ensaio 21A**, dando mancha de coloração amarela intensa. Tem densidade maior que 1 e é muito inflamável.

## Painel 60

### Identificação de HEC

| | |
|---|---|
| **Classe II** | • **Polímeros Termorrígidos Físicos**<br>• Caracterização da Classe:<br> **Ensaio 3B**: Fusibilidade — Infusível<br> **Ensaio 4A**: Solubilidade — Solúvel |
| **Grupo XIII** | • **Polímeros Termorrígidos Físicos Polissacarídicos**<br>• Caracterização do Grupo:<br> **Ensaio 21A**: Identificação de polissacarídeo — Mancha rosa<br> **Ensaio 21B**: Identificação de polissacarídeo — Anel verde |
| **Subgrupo XIII** | • **Polímeros Termorrígidos Físicos Polissacarídicos Neutros**<br>• Caracterização do Subgrupo:<br> **Ensaio 27A**: Identificação de polímero por complexação com iodo — Coloração avermelhada |
| **Polímero** | **Hidroxi-etil-celulose**<br><br> |
| **Identificação do polímero** | • **Ensaio 3A**: Pirólise<br>• **Ensaio 3B**: Fusiblidade<br>• **Ensaio 4A**: Solubilidade<br>• **Ensaio 21A**: Identificação de polissacarídeo com acetato de anilina<br>• **Ensaio 21B**: Identificação de polissacarídeo com benzeno e etanol<br>• **Ensaio 27A**: Identificação de polímero por complexação com iodo<br>• **Ensaio 32**: Determinação da dureza<br>• **Ensaio 33**: Determinação da densidade<br>• **Ensaio 34**: Determinação da inflamabilidade |

**Observações**: HEC é polímero natural modificado, obtido da celulose por eterificação. É solúvel em água e em mistura DMSO/$H_2O$ (9:1). Tem densidade maior que 1 e é inflamável.

## Painel 61

| Identificação de MC | |
|---|---|
| **Classe II** | • **Polímeros Termorrígidos Físicos**<br>• Caracterização da Classe:<br>    **Ensaio 3B**: Fusibilidade — Infusível<br>    **Ensaio 4A**: Solubilidade — Solúvel |
| **Grupo XIII** | • **Polímeros Termorrígidos Físicos Polissacarídicos**<br>• Caracterização do Grupo:<br>    **Ensaio 21A**: Identificação de polissacarídeo — Mancha rosa<br>    **Ensaio 21B**: Identificação de polissacarídeo — Anel verde |
| **Subgrupo XIII** | • **Polímeros Termorrígidos Físicos Polissacarídicos Neutros**<br>• Caracterização do Subgrupo:<br>    **Ensaio 27A**: Identificação de polímero por complexação com iodo - Coloração avermelhada |
| **Polímero** | **Metil-celulose**<br><br>$CH_2OMe$<br>$(H)$<br>$OMe$ $H$<br>$H$ $OMe$<br>$(H)$ $n$ |
| **Identificação do polímero** | • **Ensaio 3A**: Pirólise<br>• **Ensaio 3B**: Fusiblidade<br>• **Ensaio 4A**: Solubilidade<br>• **Ensaio 21A**: Identificação de polissacarídeo com acetato de anilina<br>• **Ensaio 21B**: Identificação de polissacarídeo com benzeno e etanol<br>• **Ensaio 27A**: Identificação de polímero por complexação com iodo<br>• **Ensaio 32**: Determinação da dureza<br>• **Ensaio 33**: Determinação da densidade<br>• **Ensaio 34**: Determinação da inflamabilidade |

**Observações**: **MC** é polímero natural modificado, obtido da celulose por eterificação. É solúvel em água e em mistura DMSO/$H_2O$ (9:1). Tem densidade maior que 1 e é inflamável.

# CAPÍTULO 17

# O GRUPO XIV
# POLÍMEROS TERMORRÍGIDOS
# FÍSICOS NITROGENADOS

Ainda na **Classe II**, que representa os polímeros termorrígidos físicos, se encontra o **Grupo XIV** que caracteriza os **Polímeros Termorrigidos Físicos Nitrogenados**, identificados pelos **Ensaio 6**, detalhado no **Capítulo 22**.

Esse Grupo é dividido em 2 Subgrupos: **Subgrupo XIV — Polímeros Termorrígidos Físicos Nitrogenados Proteicos**, constituído por gelatina, lã, seda e poliamida aromática (**PA$_{aromática}$**) e pelo **Subgrupo XV — Polímeros Termorrígidos Físicos Nitrogenados Não-Proteicos** formado por poliacrilamida (**PAM**) e poliacrilonitrila (**PAN**).

Esses polímeros podem ser identificados pelo **Ensaio 15A**. No **Quadro 20** e nos **Painéis 62 a 67** podem ser encontrados os ensaios para a identificação dos materiais que compõem o **Grupo XIV**.

## Quadro 20

| Caracterização dos Subgrupos do Grupo XIV | | | | | |
|---|---|---|---|---|---|
| Grupo | Subgrupo | | Ensaio | | Painel N.º |
| | | | N.º | Verificação | Resultado | |
| XIV. Polímeros Termorrígidos Físicos Nitrogenados | XIV | Polímeros termorrígidos físicos nitrogenados proteicos | 15A | Proteína | Coloração alaranjada | 62-65 |
| | XV | Polímeros termorrígidos físicos nitrogenados não-proteicos | 15A | Proteína | Coloração alaranjada | 66-67 |

## Painel 62

### Identificação de Gelatina

| | |
|---|---|
| **Classe II** | • **Polímeros Termorrígidos Físicos**<br>• Caracterização da Classe:<br>**Ensaio 3B**: Fusibilidade — Infusível<br>**Ensaio 4A**: Solubilidade — Solúvel |
| **Grupo XIV** | • **Polímeros Termorrígidos Físicos Nitrogenados**<br>• Caracterização do Grupo:<br>**Ensaio 6**: Identificação de nitrogênio — Mancha azul |
| **Subgrupo XIV** | • **Polímeros Termorrígidos Físicos Nitrogenados Proteicos**<br>• Caracterização do Subgrupo:<br>**Ensaio 15A**: Identificação de proteína em geral — Coloração alaranjada |
| **Polímero** | **Gelatina**<br><br>Copoli (glicina, prolina, hidroxi-prolina, ácido glutâmico, arginina, alanina, leucina, lisina, ácido aspártico, fenil-alanina, serina, valina, treonina, tirosina, metionina, histidina, cistina) |
| **Identificação do polímero** | • **Ensaio 2**: Microscopia ótica<br>• **Ensaio 3A**: Pirólise<br>• **Ensaio 3B**: Fusiblidade<br>• **Ensaio 4A**: Solubilidade<br>• **Ensaio 6**: Identificação de nitrogênio<br>• **Ensaio 10A**: Ataque por hidróxido de potássio / etanol<br>• **Ensaio 11A**: Ataque por ácido sulfúrico<br>• **Ensaio 12B**: Ataque por mistura sulfonítrica<br>• **Ensaio 15A**: Identificação de proteína em geral<br>• **Ensaio 16B**: Identificação de ácido carboxílico fixo em geral<br>• **Ensaio 32**: Determinação da dureza<br>• **Ensaio 33**: Determinação da densidade<br>• **Ensaio 34**: Determinação da inflamabilidade |

**Observações: Gelatina** é polímero natural de estrutura complexa, formada pela policondensação de $\alpha$-aminoácidos. É atacado por ácidos, bases e agentes oxidantes, gerando aminoácidos. Tem densidade maior que 1 e é inflamável. Não apresenta estrutura típica ao microscópio ótico.

## Painel 63

| Identificação de Lã | |
|---|---|
| **Classe II** | • **Polímeros Termorrígidos Físicos**<br>• Caracterização da Classe:<br>　　**Ensaio 3B**: Fusibilidade — Infusível<br>　　**Ensaio 4A**: Solubilidade — Solúvel |
| **Grupo XIV** | • **Polímeros Termorrígidos Físicos Nitrogenados**<br>• Caracterização do Grupo:<br>　　**Ensaio 6**: Identificação de nitrogênio — Mancha azul |
| **Subgrupo XIV** | • **Polímeros Termorrígidos Físicos Nitrogenados Proteicos**<br>• Caracterização do Subgrupo:<br>　　**Ensaio 15A**: Identificação de proteína em geral — Coloração alaranjada |
| **Polímero** | **Lã**<br><br>Queratina (Copoli-aminda de ácido glutâmico, cistina, leucina, isoleucina, serina, arginina, treonina, prolina, ácido aspártico, valina, tirosina, glicina, alanina, fenil-alanina, lisina, histidina, triptofano e metionina). |
| **Identificação do polímero** | • **Ensaio 2**: Microscopia ótica<br>• **Ensaio 3A**: Pirólise<br>• **Ensaio 3B**: Fusiblidade<br>• **Ensaio 4A**: Solubilidade<br>• **Ensaio 6**: Identificação de nitrogênio<br>• **Ensaio 7A**: Identificação de enxofre combinado<br>• **Ensaio 10A**: Ataque por hidróxido de potássio / etanol<br>• **Ensaio 11A**: Ataque por ácido sulfúrico<br>• **Ensaio 12B**: Ataque por mistura sulfonítrica<br>• **Ensaio 15A**: Identificação de proteína em geral<br>• **Ensaio 16B**: Identificação de ácido carboxílico fixo em geral<br>• **Ensaio 17B**: Identificação de fenol sem substituinte em posição *o-* ou *p-*<br>• **Ensaio 32**: Determinação da dureza<br>• **Ensaio 33**: Determinação da densidade<br>• **Ensaio 34**: Determinação da inflamabilidade |

**Observações**: **Lã** é polímero natural de estrutura complexa, formado pela policondensação de $\alpha$-aminoácidos. Ocorre como estrutura fibrilar, escamosa, visível por microscopia ótica. É atacado por ácidos, bases e agentes oxidantes, gerando aminoácidos. Tem densidade maior que 1 e é inflamável.

## Painel 64

| | |
|---|---|
| **Identificação de Seda** | |
| **Classe II** | • **Polímeros Termorrígidos Físicos**<br>• Caracterização da Classe:<br>    **Ensaio 3B**: Fusibilidade — Infusível<br>    **Ensaio 4A**: Solubilidade — Solúvel |
| **Grupo XIV** | • **Polímeros Termorrígidos Físicos Nitrogenados**<br>• Caracterização do Grupo:<br>    **Ensaio 6**: Identificação de nitrogênio — Mancha azul |
| **Subgrupo XIV** | • **Polímeros Termorrígidos Físicos Nitrogenados Proteicos**<br>• Caracterização do Subgrupo:<br>    **Ensaio 15A**: Identificação de proteína em geral — Coloração alaranjada |
| **Polímero** | **Seda**<br><br>Fibroína (Copoli-amida de glicina, alanina, serina, tirosina, valina, fenil-alanina, ácido aspártico, ácido glutâmico, leucina, isoleucina, treonina, arginina, prolina, triptofano, lisina, histidina e cistina). |
| **Identificação do polímero** | • **Ensaio 2**: Microscopia ótica<br>• **Ensaio 3A**: Pirólise<br>• **Ensaio 3B**: Fusiblidade<br>• **Ensaio 4A**: Solubilidade<br>• **Ensaio 6**: Identificação de nitrogênio<br>• **Ensaio 10A**: Ataque por hidróxido de potássio / etanol<br>• **Ensaio 11A**: Ataque por ácido sulfúrico<br>• **Ensaio 12B**: Ataque por mistura sulfonítrica<br>• **Ensaio 15A**: Identificação de proteína em geral<br>• **Ensaio 16B**: Identificação de ácido carboxílico fixo em geral<br>• **Ensaio 17B**: Identificação de fenol sem substituinte em posição *o-* ou *p-*<br>• **Ensaio 32**: Determinação da dureza<br>• **Ensaio 33**: Determinação da densidade<br>• **Ensaio 34**: Determinação da inflamabilidade |

**Observações: Seda** é polímero natural de estrutura complexa, formado pela policondensação de $\alpha$-aminoácidos. Ao microscópio ótico, mostra estrutura filamentosa. É atacado por ácidos, bases e agentes oxidantes, gerando aminoácidos. Tem densidade maior que 1 e é inflamável.

## Painel 65

| Identificação de PA$_{aromática}$ | |
|---|---|
| **Classe II** | • **Polímeros Termorrígidos Físicos**<br>• Caracterização da Classe:<br>  **Ensaio 3B**: Fusibilidade — Infusível<br>  **Ensaio 4A**: Solubilidade — Solúvel |
| **Grupo XIV** | • **Polímeros Termorrígidos Físicos Nitrogenados**<br>• Caracterização do Grupo:<br>  **Ensaio 6**: Identificação de nitrogênio — Mancha azul |
| **Subgrupo XIV** | • **Polímeros Termorrígidos Físicos Nitrogenados Proteicos**<br>• Caracterização do Subgrupo:<br>  **Ensaio 15A**: Identificação de proteína em geral — Coloração alaranjada |
| **Polímero** | **Poliamida aromática**<br><br>$\sim[CO—C_6H_4—CO—NH—C_6H_4—NH]_x\sim$ |
| **Identificação do polímero** | • **Ensaio 2**: Microscopia ótica<br>• **Ensaio 3A**: Pirólise<br>• **Ensaio 3B**: Fusiblidade<br>• **Ensaio 4A**: Solubilidade<br>• **Ensaio 6**: Identificação de nitrogênio<br>• **Ensaio 13A**: Identificação de amina primária aromática<br>• **Ensaio 13B**: Identificação de amina primária, secundária e terciária aromática<br>• **Ensaio 15A**: Identificação de proteína em geral<br>• **Ensaio 32**: Determinação da dureza<br>• **Ensaio 33**: Determinação da densidade<br>• **Ensaio 34**: Determinação da inflamabilidade |

**Observações**: PA$_{aromática}$ é polímero sintético, com cadeia contendo anéis aromáticos ligados por grupos amida. Ao microscópio ótico, mostra fibras sintéticas de aspecto regular. Sob ação de calor (**Ensaio 3A**), gera amina aromática. É solúvel apenas em ácido sulfúrico concentrado. Tem densidade maior que 1 e é inflamável.

## Painel 66

| Identificação de PAM | |
|---|---|
| **Classe II** | • **Polímeros Termorrígidos Físicos**<br>• Caracterização da Classe:<br>    **Ensaio 3B**: Fusibilidade — Infusível<br>    **Ensaio 4A**: Solubilidade — Solúvel |
| **Grupo XIV** | • **Polímeros Termorrígidos Físicos Nitrogenados**<br>• Caracterização do Grupo:<br>    **Ensaio 6**: Identificação de nitrogênio — Mancha azul |
| **Subgrupo XV** | • **Polímeros Termorrígidos Físicos Nitrogenados Não-Proteicos**<br>• Caracterização do Subgrupo:<br>    **Ensaio 15A**: Identificação de proteína em geral — Coloração alaranjada |
| **Polímero** | **Poliacrilamida**<br><br>$\sim[CH_2{-}CH(CO{-}NH_2)]_x\sim$ |
| **Identificação do polímero** | • **Ensaio 3A**: Pirólise<br>• **Ensaio 3B**: Fusiblidade<br>• **Ensaio 4A**: Solubilidade<br>• **Ensaio 6**: Identificação de nitrogênio<br>• **Ensaio 15A**: Identificação de proteína em geral<br>• **Ensaio 32**: Determinação da dureza<br>• **Ensaio 33**: Determinação da densidade<br>• **Ensaio 34**: Determinação da inflamabilidade |

**Observações: PAM** é polímero sintético, com cadeia saturada contendo grupos amida pendentes. É solúvel em $H_2O$. Responde negativamente ao **Ensaio 15A**. Tem densidade maior que 1 e é inflamável.

## Painel 67

### Identificação de PAN

| | |
|---|---|
| **Classe II** | • **Polímeros Termorrígidos Físicos**<br>• Caracterização da Classe:<br>    **Ensaio 3B**: Fusibilidade — Infusível<br>    **Ensaio 4A**: Solubilidade — Solúvel |
| **Grupo XIV** | • **Polímeros Termorrígidos Físicos Nitrogenados**<br>• Caracterização do Grupo:<br>    **Ensaio 6**: Identificação de nitrogênio — Mancha azul |
| **Subgrupo XV** | • **Polímeros Termorrígidos Físicos Nitrogenados Não-Proteicos**<br>• Caracterização do Subgrupo:<br>    **Ensaio 15A**: Identificação de proteína em geral — Coloração alaranjada |
| **Polímero** | **Poliacrilonitrila**<br><br>    $\sim[CH_2{-\!\!-}CH(CN)]_x\sim$ |
| **Identificação do polímero** | • **Ensaio 2**: Microscopia ótica<br>• **Ensaio 3A**: Pirólise<br>• **Ensaio 3B**: Fusiblidade<br>• **Ensaio 4A**: Solubilidade<br>• **Ensaio 6**: Identificação de nitrogênio<br>• **Ensaio 15A**: Identificação de proteína em geral<br>• **Ensaio 25**: Identificação de polímero nitrílico<br>• **Ensaio 32**: Determinação da dureza<br>• **Ensaio 33**: Determinação da densidade<br>• **Ensaio 34**: Determinação da inflamabilidade |

**Observações**: **PAN** é polímero sintético, com cadeia saturada contendo grupos nitrila pendentes. Ao microscópio ótico, mostra estrutura fibrilar regular. É solúvel em DMF. Responde negativamente ao **Ensaio 15A**. Tem densidade maior que 1 e é inflamável.

# CAPÍTULO 18

# O GRUPO XV
# POLÍMEROS TERMORRÍGIDOS
# FÍSICOS VINÍLICOS

No **Grupo XV** encontram-se os **Polímeros Termorrigidos Físicos Vinílicos** identificados pelo **Ensaio 4**, detalhado no **Capítulo 22**.

Esse Grupo é dividido em 2 Subgrupos: **Subgrupo XVI — Polímeros Termorrígidos Físicos Vinílicos Ácidos**, constituído por poli(ácido acrílico) (**PAA**) e poli(ácido metacrílico) (**PMAA**) e pelo **Subgrupo XVII — Polímeros Termorrígidos Físicos Vinílicos Neutros** formado por poli(álcool vinílico) (**PVAl**). Podem ser identificados pelo **Ensaio 16B e 27**.

No **Quadro 21** e nos **Painéis 68** a **70** estão colocados os ensaios para a identificação desses polímeros.

## Quadro 21

| Caracterização dos Subgrupos do Grupo XV | | | | | |
|---|---|---|---|---|---|
| **Grupo** | **Subgrupo** | | **Ensaio** | | **Painel Nº** |
| | | **Nº** | **Verificação** | **Resultado** | |
| XV. Polímeros Termorrígidos Físicos Vinílicos | XVI Polímeros termorrígidos físicos vinílicos ácidos | 16B | Ácido | Precipitado branco | 68-69 |
| | XVII Polímeros termorrígidos físicos vinílicos neutros | 27 | Hidroxila | Complexação | 70 |

## Painel 68

### Identificação de PAA

| Classe II | • **Polímeros Termorrígidos Físicos**<br>• Caracterização da Classe:<br>    **Ensaio 3B**: Fusibilidade — Infusível<br>    **Ensaio 4A**: Solubilidade — Solúvel |
| --- | --- |
| Grupo XV | • **Polímeros Termorrígidos Físicos Vinílicos**<br>• Caracterização do Grupo:<br>    **Ensaio 4A**: Ação de solvente — Solúvel em água |
| Subgrupo XVI | • **Polímeros Termorrígidos Físicos Vinílicos Ácidos**<br>• Caracterização do Subgrupo:<br>    **Ensaio 16B**: Identificação de ácido orgânico fixo em geral<br>    Precipitado branco |
| Polímero | **Poli(ácido acrílico)**<br><br>$\sim[CH_2—CH(COOH)]_x\sim$ |
| Identificação do polímero | • **Ensaio 3A**: Pirólise<br>• **Ensaio 3B**: Fusibilidade<br>• **Ensaio 4A**: Solubilidade<br>• **Ensaio 16A**: Identificação de ácido carboxílico volátil em geral<br>• **Ensaio 16B**: Identificação de ácido carboxílico fixo em geral<br>• **Ensaio 16D**: Identificação de ácido metacrílico<br>• **Ensaio 22**: Identificação de polímero metacrílico<br>• **Ensaio 32**: Determinação da dureza<br>• **Ensaio 33**: Determinação da densidade<br>• **Ensaio 34**: Determinação da inflamabilidade |

**Observações**: **PAA** é polímero sintético, com cadeia saturada contendo grupos carboxila pendentes. É solúvel em água. Responde negativamente aos **Ensaios 16D** e **22**, sendo assim distinguido de **PMAA**. Tem densidade maior que 1 e é inflamável.

## Painel 69

| | |
|---|---|
| **Identificação de PMAA** | |
| **Classe II** | • **Polímeros Termorrígidos Físicos**<br>• Caracterização da Classe:<br>    **Ensaio 3B**: Fusibilidade — Infusível<br>    **Ensaio 4A**: Solubilidade — Solúvel |
| **Grupo XV** | • **Polímeros Termorrígidos Físicos Vinílicos**<br>• Caracterização do Grupo:<br>    **Ensaio 4**: Ação de solvente — Solúvel em água |
| **Subgrupo XVI** | • **Polímeros Termorrígidos Físicos Vinílicos Ácidos**<br>• Caracterização do Subgrupo:<br>    **Ensaio 16B**: Identificação de ácido orgânico fixo em geral<br>    Precipitado branco |
| **Polímero** | **Poli(ácido metacrílico)**<br><br>$\sim[CH_2\!-\!C(CH_3)(COOH)]_x\!\sim$ |
| **Identificação do polímero** | • **Ensaio 3A**: Pirólise<br>• **Ensaio 3B**: Fusibilidade<br>• **Ensaio 4A**: Solubilidade<br>• **Ensaio 16A**: Identificação de ácido carboxílico volátil em geral<br>• **Ensaio 16B**: Identificação de ácido carboxílico fixo em geral<br>• **Ensaio 16D**: Identificação de ácido metacrílico<br>• **Ensaio 22**: Identificação de polímero metacrílico<br>• **Ensaio 32**: Determinação da dureza<br>• **Ensaio 33**: Determinação da densidade<br>• **Ensaio 34**: Determinação da inflamabilidade |

**Observações**: **PMAA** é polímero sintético, com cadeia saturada contendo grupos carboxila pendentes. É solúvel em água. Responde positivamente aos **Ensaios 16D** e **22**, sendo assim distinguido de **PAA**. Tem densidade maior que 1 e é inflamável.

## Painel 70

| | |
|---|---|
| **Identificação de PVAl** | |
| **Classe II** | • **Polímeros Termorrígidos Físicos**<br>• Caracterização da Classe:<br> **Ensaio 3B**: Fusibilidade — Infusível<br> **Ensaio 4A**: Solubilidade — Solúvel |
| **Grupo XV** | • **Polímeros Termorrígidos Físicos Vinílicos**<br>• Caracterização do Grupo:<br> **Ensaio 4**: Ação de solvente — Solúvel em água |
| **Subgrupo XVII** | • **Polímeros Termorrígidos Físicos Vinílicos Neutros**<br>• Caracterização do Subgrupo:<br> **Ensaio 27A**: Identificação de polímero por complexação com iodo<br> **Ensaio 27B**: Identificação de polímero por complexação com bórax |
| **Polímero** | Poli(álcool vinílico)<br><br>$\sim[CH_2\!-\!CH(OH)]_x\sim$ |
| **Identificação do polímero** | • **Ensaio 3A**: Pirólise<br>• **Ensaio 3B**: Fusibilidade<br>• **Ensaio 4A**: Solubilidade<br>• **Ensaio 27A**: Identificação de polímero por complexação com iodo<br>• **Ensaio 27B**: Identificação de polímero por complexação com bórax<br>• **Ensaio 32**: Determinação da dureza<br>• **Ensaio 33**: Determinação da densidade<br>• **Ensaio 34**: Determinação da inflamabilidade |

**Observações**: PVAl é polímero sintético modificado, obtido de PVAc por hidrólise. A cadeia é saturada e contém grupos hidroxila pendentes; também pode conter quantidade variável de grupos acetato remanescentes, dependendo do grau de hidrólise. É solúvel em água. Tem densidade maior que 1 e é inflamável.

# CAPÍTULO 19

# O GRUPO XVI POLÍMEROS TERMORRÍGIDOS QUÍMICOS NÃO-BORRACHOSOS

O **Grupo XVI**, **Polímeros Termorrigidos Químicos Não-Borrachosos**, pertencentes à **Classe III**, que representa os polímeros termorrígidos químicos, é identificado pelo **Ensaio 32**, detalhado no **Capítulo 22**.

Esse Grupo é dividido em 4 Subgrupos: **Subgrupo XVIII — Polímeros Termorrígidos Químicos Não-Borrachosos Nitrogenados**, constituído por couro, resina melamínica (**MR**), elastômero de poliuretano (**PUR**) e resina uréica (**UR**), **Subgrupo XIX — Polímeros Termorrígidos Químicos Não-Borrachosos Alquil-Aromáticos** formado por resina epoxídica (**ER**) e poli(ftalato maleato de propileno) (**PPPM**), **Sub-Grupo XX — Polímeros Termorrígidos Químicos Não-Borrachosos Fenólicos** composto por resina fenólica (**PR**) e finalmente o **Subgrupo XXI — Outros Polímeros Termorrígidos Químicos Não-Borrachosos** onde se encontra o carbono (**C**). Podem ser identificados pelo **Ensaio 6**, **24A**, **24B**, **17A** e **17B**, respectivamente.

No **Quadro 22** e nos **Painéis 71** a **78** estão dispostos os ensaios importantes para a identificação dos polímeros que compõem o **Grupo XVI**.

## Quadro 22

### Caracterização dos Subgrupos do Grupo XVI

| Grupo | Subgrupo | Ensaio | | | Painel Nº |
| --- | --- | --- | --- | --- | --- |
| | | Nº | Verificação | Resultado | |
| XVI. Polímeros Termorrígidos Químicos Não-Borrachosos | XVIII Polímeros termorrígidos químicos não-borrachosos nitrogenados | 6 | Nitrogênio | Mancha azul | 71-74 |
| | XIX Polímeros termorrígidos químicos não-borrachosos alquil-aromáticos | 24A e 24B | Estireno | Espiral alaranjada | 75-76 |
| | XX Polímeros termorrígidos químicos não-borrachosos fenólicos | 17 | Fenol | Coloração violácea, coloração vermelho-alaranjada | 77 |
| | XXI Outros Polímeros termorrígidos químicos não-borrachosos | 25 | Ácido cianídrico | Solução azul | 78 |

## Painel 71

| Identificação de Couro | |
|---|---|
| **Classe III** | • **Polímeros Termorrígidos Químicos**<br>• Caracterização da Classe:<br>    **Ensaio 3B**: Fusibilidade — Infusível<br>    **Ensaio 4A**: Solubilidade — Insolúvel |
| **Grupo XVI** | • **Polímeros Termorrígidos Químicos Não-Borrachosos**<br>• Caracterização do Grupo:<br>    **Ensaio 32**: Determinação da dureza |
| **Subgrupo XVIII** | • **Polímeros Termorrígidos Químicos Não-Borrachosos Nitrogenados**<br>• Caracterização do Subgrupo:<br>    **Ensaio 6**: Identificação de nitrogênio — Mancha azul |
| **Polímero** | **Couro**<br><br>Copoli(glicina/prolina/alanina/hidroxiprolina/arginina/ácidoglutâmico/serina/lisina/ácido aspártico/glutamina/leucina/valina/treonina/fenil-alanina/asparagina/isoleucina/metionina/tirosina/hidrolisina/histidina) |
| **Identificação do polímero** | • **Ensaio 3A**: Pirólise<br>• **Ensaio 3B**: Fusibilidade<br>• **Ensaio 4A**: Solubilidade<br>• **Ensaio 6**: Identificação de nitrogênio<br>• **Ensaio 15A**: Identificação de proteína em geral<br>• **Ensaio 15B**: Identificação de couro<br>• **Ensaio 32**: Determinação da dureza<br>• **Ensaio 33**: Determinação da densidade<br>• **Ensaio 34**: Determinação da inflamabilidade |

**Observações: Couro** é constituído de colágeno, oriundo da pele ou epiderme de animais; é tornado material resistente ao calor e não-putrefato por combinação geralmente com sais de cromo. Sob ação de calor (**Ensaio 3A**), deixa resíduo de coloração verde, atribuído a óxido de cromo III, $Cr_2O_3$. Tem densidade maior que 1 e é inflamável.

## Painel 72

### Identificação de MR

| | |
|---|---|
| **Classe III** | • **Polímeros Termorrígidos Químicos**<br>• Caracterização da Classe:<br>    **Ensaio 3B**: Fusibilidade — Infusível<br>    **Ensaio 4A**: Solubilidade — Insolúvel |
| **Grupo XVI** | • **Polímeros Termorrígidos Químicos Não-Borrachosos**<br>• Caracterização do Grupo:<br>    **Ensaio 32**: Determinação da dureza |
| **Subgrupo XVIII** | • **Polímeros Termorrígidos Químicos Não-Borrachosos Nitrogenados**<br>• Caracterização do Subgrupo:<br>    **Ensaio 6**: Identificação de nitrogênio — Mancha azul |
| **Polímero** | **Resina melamínica**<br><br>![estrutura química da resina melamínica] |
| **Identificação do polímero** | • **Ensaio 3A**: Pirólise<br>• **Ensaio 3B**: Fusibilidade<br>• **Ensaio 4A**: Solubilidade<br>• **Ensaio 6**: Identificação de nitrogênio<br>• **Ensaio 13A**: Identificação de amina primária aromática<br>• **Ensaio 18**: Identificação de aldeído fórmico<br>• **Ensaio 23**: Identificação de polímero oximetilênico<br>• **Ensaio 32**: Determinação da dureza<br>• **Ensaio 33**: Determinação da densidade<br>• **Ensaio 34**: Determinação da inflamabilidade |

**Observações**: **MR** é plástico termorrígido, obtido pela reação dos monômeros melamina e aldeído fórmico; é composto normalmente com carga de celulose, reconhecível pelos **Ensaios 21A** e **21B**. Sob ação de calor (**Ensaio 3A**), decompõe-se liberando aldeído fórmico, de odor irritante. Tem densidade maior que 1 e é inflamável.

## Painel 73

| Identificação de PUR | |
|---|---|
| **Classe III** | • **Polímeros Termorrígidos Químicos**<br>• Caracterização da Classe:<br>    **Ensaio 3B**: Fusibilidade — Infusível<br>    **Ensaio 4A**: Solubilidade — Insolúvel |
| **Grupo XVI** | • **Polímeros Termorrígidos Químicos Não-Borrachosos**<br>• Caracterização do Grupo:<br>    **Ensaio 32**: Determinação da dureza |
| **Subgrupo XVIII** | • **Polímeros Termorrígidos Químicos Não-Borrachosos Nitrogenados**<br>• Caracterização do Subgrupo:<br>    **Ensaio 6**: Identificação de nitrogênio — Mancha azul |
| **Polímero** | **Elastômero de poliuretano**<br><br>$\sim[CO{-}NH{-}R{-}NH{-}COOR'{-}O]_x\sim$ |
| **Identificação do polímero** | • **Ensaio 3A**: Pirólise<br>• **Ensaio 3B**: Fusibilidade<br>• **Ensaio 4A**: Solubilidade<br>• **Ensaio 6**: Identificação de nitrogênio<br>• **Ensaio 10A**: Ataque por hidróxido de potássio/etanol<br>• **Ensaio 11A**: Ataque por ácido sulfúrico<br>• **Ensaio 12B**: Ataque por mistura sulfonítrica<br>• **Ensaio 13A**: Identificação de amina primária aromática<br>• **Ensaio 13B**: Identificação de amina primária, secundária e terciária aromática<br>• **Ensaio 19**: Identificação de éster alifático<br>• **Ensaio 32**: Determinação da dureza<br>• **Ensaio 33**: Determinação da densidade<br>• **Ensaio 34**: Determinação da inflamabilidade |

**Observações**: **PU** é um polímero muito versátil; pode ser utilizado como plástico, borracha ou fibra. A cadeia pode ser formada tanto por segmentos aromáticos quanto alifáticos. É atacado por ácidos, bases e agentes oxidantes, gerando diamina e poliol. O **Ensaio 12B** é característico de **PU**; há imediata liberação de vapores nitrosos, vermelhos. O **Ensaio 19** identifica a natureza do poliol: poliéster, ensaio positivo, ou poliéter, ensaio negativo. Tem densidade maior que 1 nas amostras compactas; o ensaio não é válido para peças esponjosas, celulares. É inflamável.

## Painel 74

| | |
|---|---|
| **Identificação de UR** | |
| **Classe III** | • **Polímeros Termorrígidos Químicos**<br>• Caracterização da Classe:<br>    **Ensaio 3B**: Fusibilidade — Infusível<br>    **Ensaio 4A**: Solubilidade — Insolúvel |
| **Grupo XVI** | • **Polímeros Termorrígidos Químicos Não-Borrachosos**<br>• Caracterização do Grupo:<br>    **Ensaio 32**: Determinação da dureza |
| **Subgrupo XVIII** | • **Polímeros Termorrígidos Químicos Não-Borrachosos Nitrogenados**<br>• Caracterização do Subgrupo:<br>    **Ensaio 6**: Identificação de nitrogênio — Mancha azul |
| **Polímero** | **Resina uréica**<br><br>$\sim[N—CH_2—N—CH_2—N]_x\sim$<br>$\quad\quad\vert\quad\quad\quad\vert\quad\quad\quad\vert$<br>$\quad\quad CO\quad\quad CO\quad\quad CO$<br>$\quad\quad\vert\quad\quad\quad\vert\quad\quad\quad\vert$ |
| **Identificação do polímero** | • **Ensaio 3A**: Pirólise<br>• **Ensaio 3B**: Fusibilidade<br>• **Ensaio 4A**: Solubilidade<br>• **Ensaio 6**: Identificação de nitrogênio<br>• **Ensaio 14**: Identificação de uréia<br>• **Ensaio 18**: Identificação de aldeído fórmico<br>• **Ensaio 23**: Identificação de polímero oximetilênico<br>• **Ensaio 32**: Determinação da dureza<br>• **Ensaio 33**: Determinação da densidade<br>• **Ensaio 34**: Determinação da inflamabilidade |
| **Observações**: **UR** é plástico termorrígido, obtido pela reação dos monômeros uréia e aldeído fórmico; é composto normalmente com carga de celulose, reconhecível pelos **Ensaios 21A** e **21B**. Sob ação de calor (**Ensaio 3A**), decompõe-se liberando aldeído fórmico, de odor irritante. Tem densidade maior que 1 e é inflamável. | |

## Painel 75

| | |
|---|---|
| **Identificação de ER** | |
| **Classe III** | • **Polímeros Termorrígidos Químicos**<br>• Caracterização da Classe:<br>    **Ensaio 3B**: Fusibilidade — Infusível<br>    **Ensaio 4A**: Solubilidade — Insolúvel |
| **Grupo XVI** | • **Polímeros Termorrígidos Químicos Não-Borrachosos**<br>• Caracterização do Grupo:<br>    **Ensaio 32**: Determinação da dureza |
| **Subgrupo XIX** | • **Polímeros Termorrígidos Químicos Não-Borrachosos Alquil-Aromáticos**<br>• Caracterização do Subgrupo:<br>    **Ensaio 24A**: Identificação de polímero estirênico — Espiral vermelha |
| **Polímero** | **Resina epoxídica** |

$$H_2C-CH-CH_2-[O-C_6H_4-\overset{\overset{\displaystyle CH_3}{|}}{\underset{\underset{\displaystyle CH_3}{|}}{C}}-C_6H_4-O-CH_2-CHOH-CH_2]_{n-1}-O-C_6H_4-\overset{\overset{\displaystyle CH_3}{|}}{\underset{\underset{\displaystyle CH_3}{|}}{C}}-C_6H_4-O-CH_2-HC-CH_2$$

| | |
|---|---|
| **Identificação do polímero** | • **Ensaio 3A**: Pirólise<br>• **Ensaio 3B**: Fusibilidade<br>• **Ensaio 4A**: Solubilidade<br>• **Ensaio 6**: Identificação de nitrogênio<br>• **Ensaio 17B**: Identificação de fenol sem substituinte em posição *o*- ou *p*-<br>• **Ensaio 24A**: Identificação de polímero estirênico sem cal<br>• **Ensaio 32**: Determinação da dureza<br>• **Ensaio 33**: Determinação da densidade<br>• **Ensaio 34**: Determinação da inflamabilidade |

**Observações: ER** é plástico termorrígido, com cadeia contendo anéis aromáticos, ligados por grupos alquila e éter. É encontrado em juntas adesivas. Sob ação de calor (**Ensaio 3A**), gera fenol. É sensível ao **Ensaio 24A**, resultando em espiral vermelha. Tem densidade maior que 1 e é inflamável.

## Painel 76

| | |
|---|---|
| \multicolumn{2}{c}{**Identificação de PPPM**} | |
| **Classe III** | • **Polímeros Termorrígidos Químicos**<br>• Caracterização da Classe:<br>    **Ensaio 3B**: Fusibilidade — Infusível<br>    **Ensaio 4A**: Solubilidade — Insolúvel |
| **Grupo XVI** | • **Polímeros Termorrígidos Químicos Não-Borrachosos**<br>• Caracterização do Grupo:<br>    **Ensaio 32**: Determinação da dureza |
| **Subgrupo XIX** | • **Polímeros Termorrígidos Químicos Não-Borrachosos Alquil-Aromáticos**<br>• Caracterização do Subgrupo:<br>    **Ensaio 24A**: Identificação de polímero estirênico — Espiral vermelha |
| **Polímero** | **Copoli(ftalato-maleato de propileno) estirenizado**<br><br>$\sim[COC_6H_4CO{-}OCH_2CH(CH_3){-}OCO{-}CH{-}CH{-}COO{-}CH_2CH(CH_3)O{-}]_x\sim$<br>$\overset{\textstyle\vert}{\phantom{x}}$<br>$CH_2CH(C_6H_5)\sim$ |
| **Identificação do polímero** | • **Ensaio 3A**: Pirólise<br>• **Ensaio 3B**: Fusibilidade<br>• **Ensaio 4A**: Solubilidade<br>• **Ensaio 10B**: Ataque por hidróxido de potássio/glicol etilênico<br>• **Ensaio 11A**: Ataque por ácido sulfúrico<br>• **Ensaio 16B**: Identificação de ácido carboxílico fixo em geral<br>• **Ensaio 16F**: Identificação de anidrido ftálico<br>• **Ensaio 24A**: Identificação de polímero estirênico sem cal<br>• **Ensaio 32**: Determinação da dureza<br>• **Ensaio 33**: Determinação da densidade<br>• **Ensaio 34**: Determinação da inflamabilidade |

**Observações**: **PPPM** é plástico termorrígido, com cadeia contendo anéis aromáticos, ligados por grupos alquila e éster. Sob ação de calor (**Ensaio 3A**) e, ataque de ácidos e bases, gera ácido, anidrido e diol. Tem densidade maior que 1 e é inflamável. É encontrado com carga de vidro, que é reconhecível pelos **Ensaios 2** e **3C**.

## Painel 77

### Identificação de PR

| Classe III | • **Polímeros Termorrígidos Químicos**<br>• Caracterização da Classe:<br>    **Ensaio 3B**: Fusibilidade — Infusível<br>    **Ensaio 4A**: Solubilidade — Insolúvel |
|---|---|
| Grupo XVI | • **Polímeros Termorrígidos Químicos Não-Borrachosos**<br>• Caracterização do Grupo:<br>    **Ensaio 32**: Determinação da dureza |
| Subgrupo XX | • **Polímeros Termorrígidos Químicos Não-Borrachosos Fenólicos**<br>• Caracterização do Subgrupo:<br>    **Ensaio 17A**: Identificação de fenol volátil — Coloração violácea<br>    **Ensaio 17B**: Identificação de fenol sem substituinte em posição *o*- ou *p*- — Coloração vermelho-alaranjada |
| Polímero | **Resina fenólica**<br><br>$\sim[C_6H_2(OH)$—$CH_2$—$C_6H_2(OH)$—$CH_2]_x\sim$<br>       &#124;              &#124;<br>      CH2         CH2<br>       &#124;              &#124; |
| Identificação do polímero | • **Ensaio 3A**: Pirólise<br>• **Ensaio 3B**: Fusibilidade<br>• **Ensaio 4A**: Solubilidade<br>• **Ensaio 17A**: Identificação de fenol volátil<br>• **Ensaio 17B**: Identificação de fenol sem substituinte em posição *o*- ou *p*-<br>• **Ensaio 18**: Identificação de aldeído fórmico<br>• **Ensaio 23**: Identificação de polímero oximetilênico<br>• **Ensaio 32**: Determinação da dureza<br>• **Ensaio 33**: Determinação da densidade<br>• **Ensaio 34**: Determinação da inflamabilidade |

**Observações**: **PR** é plástico termorrígido, obtido pela reação dos monômeros fenol e aldeído fórmico; é composto normalmente com carga de celulose (serragem), reconhecível pelos **Ensaios 21A** e **21B**. Sob ação de calor (**Ensaio 3A**), decompõe-se liberando aldeído fórmico, de odor irritante. Tem densidade maior que 1 e é inflamável.

## Painel 78

### Identificação de C

| | |
|---|---|
| **Classe III** | • **Polímeros Termorrígidos Químicos**<br>• Caracterização da Classe:<br>    **Ensaio 3B**: Fusibilidade — Infusível<br>    **Ensaio 4A**: Solubilidade — Insolúvel |
| **Grupo XVI** | • **Polímeros Termorrígidos Químicos Não-Borrachosos**<br>• Caracterização do Grupo:<br>    **Ensaio 32**: Determinação da dureza |
| **Subgrupo XXI** | • **Outros Polímeros Termorrígidos Químicos Não-Borrachosos**<br>• Caracterização do Subgrupo: |
| **Polímero** | **Fibra de carbono**<br><br> |
| **Identificação do polímero** | • **Ensaio 2**: Microscopia ótica<br>• **Ensaio 3A**: Pirólise<br>• **Ensaio 3B**: Fusiblidade<br>• **Ensaio 4A**: Solubilidade<br>• **Ensaio 25**: Identificação de polímero nitrílico<br>• **Ensaio 32**: Determinação da dureza<br>• **Ensaio 33**: Determinação da densidade<br>• **Ensaio 34**: Determinação da inflamabilidade |

**Observações**: **C** é fibra sintética, obtido pela modificação química de **PAN**, por termoxidação. O precursor **PAN** pode muitas vezes ser detectado pelos **Ensaios 6** ou **25**. A cadeia é composta por anéis condensados, podendo conter pequena quantidade de grupos nitrila. Ao microscópio ótico, apresenta forma fibrilar, regular. Tem densidade maior que 1 e é inflamável.

# CAPÍTULO 20

# O GRUPO XVII
# POLÍMEROS TERMORRÍGIDOS QUÍMICOS BORRACHOSOS VULCANIZADOS

Finalmente, o **Grupo XVII**, ainda na **Classe III**, engloba os **Polímeros Termorrígidos Químicos Borrachosos Vulcanizados**, identificados pelo **Ensaio 32**, detalhado no **Capítulo 22**.

Esse Grupo é dividido em 4 Subgrupos, mostrados no **Quadro 23**, que podem ser identificados pelo conjunto de resultados obtidos através dos **Ensaios 4B e 11B**: o **Subgrupo XXII — Polímeros Termorrígidos Químicos Borrachosos Vulcanizados com Alta Resistência à Oxidação**, é constituído por elastômero de copoli(isobutileno/isopreno) bromado (**BIIR**), elastômero de copoli(isobutileno/isopreno) clorado (**CIIR**), elastômero de poli(etileno cloro-sulfonado) (**CSM**), elastômero de copoli(etileno/propileno/dieno) (**EPDM**), elstômero de copoli(fluoreto de vinilideno/hexaflúor-propileno) (**FPM**), elastômero de copoli(isobutileno/isopreno) (**IIR**) e elastômero de poli(dimetil-siloxano) (**MQ**). O **Subgrupo XXIII — Polímeros Termorrígidos Químicos Borrachosos Vulcanizados com Média Resistência à Oxidação**, é formado por elastômero de polibutadieno (**BR**), elastômero de copoli(butadieno/acrilonitrila) (**NBR**) e elastômero de copoli(butadieno/estireno) (**SBR**). O **Subgrupo XXIV — Polímeros Termorrígidos Químicos Borrachosos Vulcanizados com Baixa Resistência à Oxidação**, é composto por elastômero de policloropreno (**CR**), elastômero de poli-isopreno (**IR**) e elastômero de *cis*-poliisopreno (**NR**). O **Subgrupo XXV — Polímeros Termorrígidos Químicos Borrachosos Vulcanizados com Mínima Resistência à Oxidação** é composto apenas pelo elastômero de poli(sulfeto orgânco) (**EOT**).

Nos **Painéis 79 a 92** estão escritos os ensaios para a identificação dos polímeros que compõem o **Grupo XVII**.

## Quadro 23

### Caracterização dos Subgrupos do Grupo XVII

| Grupo | Subgrupo | | Ensaio | | Painel Nº |
|---|---|---|---|---|---|
| | | Nº | Verificação | Resultado | |
| XVII. Polímeros Termorrígidos Químicos Borrachosos Vulcanizados | XXII | Polímeros termorrígidos químicos borrachosos vulcanizados com alta resistência à oxidação | 4B, 11B | Solubilidade e oxidação | Solubilidade e oxidação | 79-85 |
| | XXIII | Polímeros termorrígidos químicos borrachosos vulcanizados com média resistência à oxidação | 4B, 11B | Solubilidade e oxidação | Solubilidade e oxidação | 86-88 |
| | XXIV | Polímeros termorrígidos químicos borrachosos vulcanizados com baixa resistência à oxidação | 4B, 11B | Solubilidade e oxidação | Solubilidade e oxidação | 89-91 |
| | XXV | Polímeros termorrígidos químicos borrachosos vulcanizados com mínima resistência à oxidação | 4B, 11B | Solubilidade e oxidação | Solubilidade e oxidação | 92 |

## Painel 79

| Identificação de BIIR vulcanizado | |
|---|---|
| **Classe III** | • **Polímeros Termorrígidos Químicos**<br>• Caracterização da Classe:<br>    **Ensaio 3B**: Fusibilidade — Infusível<br>    **Ensaio 4A**: Solubilidade — Insolúvel<br>    **Ensaio 4B**: Inchamento diferencial |
| **Grupo XVII** | • **Polímeros Termorrígidos Químicos Borrachosos**<br>• Caracterização do Grupo:<br>    **Ensaio 32**: Determinação da dureza |
| **Subgrupo XXII** | • **Polímeros Termorrígidos Químicos Não-Borrachosos com Alta Resistência à Oxidação**<br>• Caracterização do Subgrupo:<br>    **Ensaio 4B**: Inchamento diferencial — Categoria ID-1<br>    **Ensaio 11B**: Ácido-resistência — Categoria AR-1 |
| **Polímero** | **Elastômero de copoli(isobutileno/isopreno) bromado**<br><br>$\sim\{\,[CH_2\!-\!C(CH_3)_2]_x\!-\![CH_2\!-\!C(CH_3)\!=\!CH\!-\!CH_2]_y\}\bullet Br_z\sim$ |
| **Identificação do polímero** | • **Ensaio 3A**: Pirólise<br>• **Ensaio 3B**: Fusibilidade<br>• **Ensaio 4A**: Solubilidade<br>• **Ensaio 4B**: Inchamento diferencial<br>• **Ensaio 5A**: Identificação de cloro e bromo<br>• **Ensaio 5B**: Diferenciação entre cloro e bromo<br>• **Ensaio 7B**: Identificação de enxofre elementar<br>• **Ensaio 11B**: Ácido-resistência<br>• **Ensaio 29**: Identificação de poliisobutileno<br>• **Ensaio 32**: Determinação da dureza<br>• **Ensaio 33**: Determinação da densidade<br>• **Ensaio 34**: Determinação da inflamabilidade |

**Observações: BIIR**, vulcanizado com enxofre, é polímero borrachoso. A cadeia é formada por isobutileno e átomos de bromo; contém muito pouca insaturação e funciona como cadeia saturada. Tem densidade maior que 1 e é auto-extinguível.

## Painel 80

| | |
|---|---|
| **Identificação de CIIR vulcanizado** | |
| **Classe III** | • **Polímeros Termorrígidos Químicos**<br>• Caracterização da Classe:<br>    **Ensaio 3B**: Fusibilidade — Infusível<br>    **Ensaio 4A**: Solubilidade — Insolúvel<br>    **Ensaio 4B**: Inchamento diferencial |
| **Grupo XVII** | • **Polímeros Termorrígidos Químicos Borrachosos**<br>• Caracterização do Grupo:<br>    **Ensaio 32**: Determinação da dureza |
| **Subgrupo XXII** | • **Polímeros Termorrígidos Químicos Não-Borrachosos com Alta Resistência à Oxidação**<br>• Caracterização do Subgrupo:<br>    **Ensaio 4B**: Inchamento diferencial — Categoria ID-1<br>    **Ensaio 11B**: Ácido-resistência — Categoria AR-1 |
| **Polímero** | **Elastômero de copoli(isobutileno/isopreno) clorado**<br><br>$\sim\{\,[CH_2-C(CH_3)_2]_x-[CH_2-C(CH_3)=CH-CH_2]_y\}\bullet Cl_z\sim$ |
| **Identificação do polímero** | • **Ensaio 3A**: Pirólise<br>• **Ensaio 3B**: Fusibilidade<br>• **Ensaio 4A**: Solubilidade<br>• **Ensaio 4B**: Inchamento diferencial<br>• **Ensaio 5A**: Identificação de cloro e bromo<br>• **Ensaio 5B**: Diferenciação entre cloro e bromo<br>• **Ensaio 7B**: Identificação de enxofre elementar<br>• **Ensaio 11B**: Ácido-resistência<br>• **Ensaio 29**: Identificação de poliisobutileno<br>• **Ensaio 32**: Determinação da dureza<br>• **Ensaio 33**: Determinação da densidade<br>• **Ensaio 34**: Determinação da inflamabilidade |

**Observações: CIIR**, vulcanizado com enxofre, é polímero borrachoso. A cadeia é formada por isobutileno e átomos de cloro; contém muito pouca insaturação e funciona como cadeia saturada. Tem densidade maior que 1 e é auto-extinguível.

## Painel 81

### Identificação de CSM vulcanizado

| | |
|---|---|
| **Classe III** | • **Polímeros Termorrígidos Químicos**<br>• Caracterização da Classe:<br>    **Ensaio 3B**: Fusibilidade — Infusível<br>    **Ensaio 4A**: Solubilidade — Insolúvel<br>    **Ensaio 4B**: Inchamento diferencial |
| **Grupo XVII** | • **Polímeros Termorrígidos Químicos Borrachosos**<br>• Caracterização do Grupo:<br>    **Ensaio 32**: Determinação da dureza |
| **Subgrupo XXII** | • **Polímeros Termorrígidos Químicos Não-Borrachosos com Alta Resistência à Oxidação**<br>• Caracterização do Subgrupo:<br>    **Ensaio 4B**: Inchamento diferencial — Categoria ID-2<br>    **Ensaio 11B**: Ácido-resistência — Categoria AR-1 |
| **Polímero** | **Elastômero de polietileno clorossulfonado**<br><br>$\sim[CH_2\!-\!CH_2]_x \bullet Cl_y \bullet (SO_2Cl)_z \sim$ |
| **Identificação do polímero** | • **Ensaio 3A**: Pirólise<br>• **Ensaio 3B**: Fusibilidade<br>• **Ensaio 4A**: Solubilidade<br>• **Ensaio 4B**: Inchamento diferencial<br>• **Ensaio 5A**: Identificação de cloro e bromo<br>• **Ensaio 5B**: Diferenciação entre cloro e bromo<br>• **Ensaio 7A**: Identificação de enxofre combinado<br>• **Ensaio 11B**: Ácido-resistência<br>• **Ensaio 32**: Determinação da dureza<br>• **Ensaio 33**: Determinação da densidade<br>• **Ensaio 34**: Determinação da inflamabilidade |

**Observações**: **CSM**, vulcanizado com óxidos metálicos, é polímero borrachoso. A cadeia é polietilênica, saturada, contendo átomos de cloro e grupos cloro-sulfonila. Tem densidade maior que 1 e é auto-extinguível.

## Painel 82

### Identificação de EPDM vulcanizado

| | |
|---|---|
| **Classe III** | • **Polímeros Termorrígidos Químicos**<br>• Caracterização da Classe:<br>　**Ensaio 3B**: Fusibilidade — Infusível<br>　**Ensaio 4A**: Solubilidade — Insolúvel<br>　**Ensaio 4B**: Inchamento diferencial |
| **Grupo XVII** | • **Polímeros Termorrígidos Químicos Borrachosos**<br>• Caracterização do Grupo:<br>　**Ensaio 32**: Determinação da dureza |
| **Subgrupo XXII** | • **Polímeros Termorrígidos Químicos Não-Borrachosos com Alta Resistência à Oxidação**<br>• Caracterização do Subgrupo:<br>　**Ensaio 4B**: Inchamento diferencial — Categoria ID-1<br>　**Ensaio 11B**: Ácido-resistência — Categoria AR-1 |
| **Polímero** | **Elastômero de copoli(etileno/propileno/dieno)**<br><br>$\sim[CH_2—CH_2]_x—[CH_2—CH(CH_3)]_y—[CH———CH]_z\sim$<br>　　　　　　　　　　　　　　　　　　　$\quad\mid\qquad\quad\mid$<br>　　　　　　　　　　　　　　　　　$H_2C—CH=CH$ |
| **Identificação do polímero** | • **Ensaio 3A**: Pirólise<br>• **Ensaio 3B**: Fusibilidade<br>• **Ensaio 4A**: Solubilidade<br>• **Ensaio 4B**: Inchamento diferencial<br>• **Ensaio 7B**: Identificação de enxofre elementar<br>• **Ensaio 11B**: Ácido-resistência<br>• **Ensaio 32**: Determinação da dureza<br>• **Ensaio 33**: Determinação da densidade<br>• **Ensaio 34**: Determinação da inflamabilidade |

**Observações: EPDM**, vulcanizado com enxofre, é polímero borrachoso, com cadeia contendo muito pouca insaturação olefínica. Tem densidade menor que 1 e é inflamável. Pode ser encontrado em misturas poliméricas com **PP**, **PA** ou **SAN**.

## Painel 83

| Identificação de FPM vulcanizado | |
|---|---|
| **Classe III** | • **Polímeros Termorrígidos Químicos**<br>• Caracterização da Classe:<br>    **Ensaio 3B**: Fusibilidade — Infusível<br>    **Ensaio 4A**: Solubilidade — Insolúvel<br>    **Ensaio 4B**: Inchamento diferencial |
| **Grupo XVII** | • **Polímeros Termorrígidos Químicos Borrachosos**<br>• Caracterização do Grupo:<br>    **Ensaio 32**: Determinação da dureza |
| **Subgrupo XXII** | • **Polímeros Termorrígidos Químicos Não-Borrachosos com Alta Resistência à Oxidação**<br>• Caracterização do Subgrupo:<br>    **Ensaio 4B**: Inchamento diferencial — Categoria ID-5<br>    **Ensaio 11B**: Ácido-resistência — Categoria AR-1 |
| **Polímero** | **Elastômero de copoli(fluoreto de vinilideno/hexaflúor propileno)**<br><br>$\sim[CF_2{-}CF(CF_3){-}CH_2{-}CF_2]_x\sim$ |
| **Identificação do polímero** | • **Ensaio 3A**: Pirólise<br>• **Ensaio 3B**: Fusibilidade<br>• **Ensaio 4A**: Solubilidade<br>• **Ensaio 4B**: Inchamento diferencial<br>• **Ensaio 5A**: Identificação de cloro e bromo<br>• **Ensaio 5C**: Identificação de flúor<br>• **Ensaio 11B**: Ácido-resistência<br>• **Ensaio 32**: Determinação da dureza<br>• **Ensaio 33**: Determinação da densidade<br>• **Ensaio 34**: Determinação da inflamabilidade |

**Observações**: **FPM** vulcanizado com óxidos metálicos, é polímero borrachoso, com cadeia saturada, contendo átomos de flúor. Sob ação do calor (**Ensaio 3A**), sofre decomposição, reduzindo visivelmente o fragmento de amostra; gera gases fluorados, que atacam a parede de vidro do tubo. Responde negativamente ao **Ensaio 5A**. Tem densidade maior que 1 e é auto-extinguível.

## Painel 84

| Identificação de IIR vulcanizado | |
|---|---|
| Classe III | • **Polímeros Termorrígidos Químicos**<br>• Caracterização da Classe:<br>    **Ensaio 3B**: Fusibilidade — Infusível<br>    **Ensaio 4A**: Solubilidade — Insolúvel<br>    **Ensaio 4B**: Inchamento diferencial |
| Grupo XVII | • **Polímeros Termorrígidos Químicos Borrachosos**<br>• Caracterização do Grupo:<br>    **Ensaio 32**: Determinação da dureza |
| Subgrupo XXII | • **Polímeros Termorrígidos Químicos Não-Borrachosos com Alta Resistência à Oxidação**<br>• Caracterização do Subgrupo:<br>    **Ensaio 4B**: Inchamento diferencial — Categoria ID-1<br>    **Ensaio 11B**: Ácido-resistência — Categoria AR-1 |
| Polímero | **Elastômero de copoli(isobutileno/isopreno)**<br><br>$\sim[CH_2-C(CH_3)_2]_x-[CH_2-C(CH_3)=CH-CH_2]_y\sim$ |
| Identificação do polímero | • **Ensaio 3A**: Pirólise<br>• **Ensaio 3B**: Fusibilidade<br>• **Ensaio 4A**: Solubilidade<br>• **Ensaio 4B**: Inchamento diferencial<br>• **Ensaio 7B**: Identificação de enxofre elementar<br>• **Ensaio 11B**: Ácido-resistência<br>• **Ensaio 29**: Identificação de poliisobutileno<br>• **Ensaio 32**: Determinação da dureza<br>• **Ensaio 33**: Determinação da densidade<br>• **Ensaio 34**: Determinação da inflamabilidade |

**Observações**: **IIR**, vulcanizado com enxofre, é polímero borrachoso, com cadeia contendo muito pouca insaturação olefínica. Tem densidade maior que 1 e é inflamável.

## Painel 85

| Identificação de MQ vulcanizado | |
|---|---|
| **Classe III** | • **Polímeros Termorrígidos Químicos**<br>• Caracterização da Classe:<br>  **Ensaio 3B**: Fusibilidade — Infusível<br>  **Ensaio 4A**: Solubilidade — Insolúvel<br>  **Ensaio 4B**: Inchamento diferencial |
| **Grupo XVII** | • **Polímeros Termorrígidos Químicos Borrachosos**<br>• Caracterização do Grupo:<br>  **Ensaio 32**: Determinação da dureza |
| **Subgrupo XXII** | • **Polímeros Termorrígidos Químicos Não-Borrachosos com Alta Resistência à Oxidação**<br>• Caracterização do Subgrupo:<br>  **Ensaio 4B**: Inchamento diferencial — Categoria ID-1<br>  **Ensaio 11B**: Ácido-resistência — Categoria AR-1 |
| **Polímero** | **Elastômero de poli(dimetil siloxano)**<br><br>$\sim[Si(CH_3)_2{-}O]_x\sim$ |
| **Identificação do polímero** | • **Ensaio 3A**: Pirólise<br>• **Ensaio 3B**: Fusiblidade<br>• **Ensaio 4A**: Solubilidade<br>• **Ensaio 4B**: Inchamento diferencial<br>• **Ensaio 9**: Identificação de silício<br>• **Ensaio 11B**: Ácido-resistência<br>• **Ensaio 31**: Identificação de grupo oxidante<br>• **Ensaio 32**: Determinação da dureza<br>• **Ensaio 33**: Determinação da densidade<br>• **Ensaio 34**: Determinação da inflamabilidade |

**Observações: MQ**, vulcanizado com peróxido, é polímero borrachoso, com cadeia contendo alternadamente átomos de oxigênio e de silício. Geralmente vem acompahado de pigmento reforçador, branco, de ácido silícico, que permanece na cinza (**Ensaio 3A**). Tem densidade maior que 1 e é auto-extinguível.

## Painel 86

| Identificação de BR vulcanizado | |
|---|---|
| Classe III | • **Polímeros Termorrígidos Químicos**<br>• Caracterização da Classe:<br>    **Ensaio 3B**: Fusibilidade — Infusível<br>    **Ensaio 4A**: Solubilidade — Insolúvel<br>    **Ensaio 4B**: Inchamento diferencial |
| Grupo XVII | • **Polímeros Termorrígidos Químicos Borrachosos**<br>• Caracterização do Grupo:<br>    **Ensaio 32**: Determinação da dureza |
| Subgrupo XXIII | • **Polímeros Termorrígidos Químicos Não-Borrachosos com Média Resistência à Oxidação**<br>• Caracterização do Subgrupo:<br>    **Ensaio 4B**: Inchamento diferencial — Categoria ID-2<br>    **Ensaio 11B**: Ácido-resistência — Categoria AR-3 |
| Polímero | **Elastômero de polibutadieno**<br><br>$\sim[CH_2—CH=CH—CH_2]_x\sim$ |
| Identificação do polímero | • **Ensaio 3A**: Pirólise<br>• **Ensaio 3B**: Fusibilidade<br>• **Ensaio 4A**: Solubilidade<br>• **Ensaio 4B**: Inchamento diferencial<br>• **Ensaio 7B**: Identificação de enxofre elementar<br>• **Ensaio 11B**: Ácido-resistência<br>• **Ensaio 32**: Determinação da dureza<br>• **Ensaio 33**: Determinação da densidade<br>• **Ensaio 34**: Determinação da inflamabilidade |

**Observações**: **BR**, vulcanizado com enxofre, é polímero borrachoso, com cadeia contendo insaturação olefínica. Tem densidade maior que 1 e é inflamável. Pode ser encontrado em misturas poliméricas com **PS**, **PET**, **PBT** ou **PC**.

## Painel 87

| | |
|---|---|
| **Identificação de NBR vulcanizado** | |
| **Classe III** | • **Polímeros Termorrígidos Químicos**<br>• Caracterização da Classe:<br>　　**Ensaio 3B**: Fusibilidade — Infusível<br>　　**Ensaio 4A**: Solubilidade — Insolúvel<br>　　**Ensaio 4B**: Inchamento diferencial |
| **Grupo XVII** | • **Polímeros Termorrígidos Químicos Borrachosos**<br>• Caracterização do Grupo:<br>　　**Ensaio 32**: Determinação da dureza |
| **Subgrupo XXIII** | • **Polímeros Termorrígidos Químicos Não-Borrachosos com Média Resistência à Oxidação**<br>• Caracterização do Subgrupo:<br>　　**Ensaio 4B**: Inchamento diferencial — Categoria ID-3<br>　　**Ensaio 11B**: Ácido-resistência — Categoria AR-3 |
| **Polímero** | **Elastômero de copoli(butadieno/acrilonitrila)**<br><br>$\sim[CH_2—CH=CH—CH_2]_x—[CH_2—CH(CN)]_y\sim$ |
| **Identificação do polímero** | • **Ensaio 3A**: Pirólise<br>• **Ensaio 3B**: Fusibilidade<br>• **Ensaio 4A**: Solubilidade<br>• **Ensaio 4B**: Inchamento diferencial<br>• **Ensaio 6**: Identificação de nitrogênio<br>• **Ensaio 7B**: Identificação de enxofre elementar<br>• **Ensaio 11B**: Ácido-resistência<br>• **Ensaio 25**: Identificação de polímero nitrílico<br>• **Ensaio 32**: Determinação da dureza<br>• **Ensaio 33**: Determinação da densidade<br>• **Ensaio 34**: Determinação da inflamabilidade |

**Observações: NBR**, vulcanizado com enxofre, é polímero borrachoso; contém cadeia insaturada e grupamentos nitrila. Tem densidade maior que 1 e é inflamável. Pode ser encontrado em misturas poliméricas com **PVC**.

## Painel 88

| Identificação de SBR vulcanizado | |
|---|---|
| Classe III | • **Polímeros Termorrígidos Químicos**<br>• Caracterização da Classe:<br>**Ensaio 3B**: Fusibilidade — Infusível<br>**Ensaio 4A**: Solubilidade — Insolúvel<br>**Ensaio 4B**: Inchamento diferencial |
| Grupo XVII | • **Polímeros Termorrígidos Químicos Borrachosos**<br>• Caracterização do Grupo:<br>**Ensaio 32**: Determinação da dureza |
| Subgrupo XXIII | • **Polímeros Termorrígidos Químicos Não-Borrachosos com Média Resistência à Oxidação**<br>• Caracterização do Subgrupo:<br>**Ensaio 4B**: Inchamento diferencial — Categoria ID-2<br>**Ensaio 11B**: Ácido-resistência — Categoria AR-3 |
| Polímero | **Elastômero de copoli(estireno/butadieno)**<br><br>$\sim[CH_2—CH(C_6H_5)]_x[CH_2—CH=CH—CH_2]_y\sim$ |
| Identificação do polímero | • **Ensaio 3A**: Pirólise<br>• **Ensaio 3B**: Fusiblidade<br>• **Ensaio 4A**: Solubilidade<br>• **Ensaio 4B**: Inchamento diferencial<br>• **Ensaio 7B**: Identificação de enxofre elementar<br>• **Ensaio 11B**: Ácido-resistência<br>• **Ensaio 24B**: Identificação de polímero estirênico com cal<br>• **Ensaio 32**: Determinação da dureza<br>• **Ensaio 33**: Determinação da densidade<br>• **Ensaio 34**: Determinação da inflamabilidade |

**Observações: SBR**, vulcanizado com enxofre, é polímero borrachoso, contendo cadeia insaturada. Tem densidade maior que 1 e é inflamável.

## Painel 89

| Identificação de CR vulcanizado | |
|---|---|
| **Classe III** | • **Polímeros Termorrígidos Químicos**<br>• Caracterização da Classe:<br>    **Ensaio 3B**: Fusibilidade — Infusível<br>    **Ensaio 4A**: Solubilidade — Insolúvel<br>    **Ensaio 4B**: Inchamento diferencial |
| **Grupo XVII** | • **Polímeros Termorrígidos Químicos Borrachosos**<br>• Caracterização do Grupo:<br>    **Ensaio 32**: Determinação da dureza |
| **Subgrupo XXIV** | • **Polímeros Termorrígidos Químicos Não-Borrachosos com Baixa Resistência à Oxidação**<br>• Caracterização do Subgrupo:<br>    **Ensaio 4B**: Inchamento diferencial — Categoria ID-2<br>    **Ensaio 11B**: Ácido-resistência — Categoria AR-2 |
| **Polímero** | **Elastômero de policloropreno**<br><br>$\sim(CH_2\!-\!CCl\!=\!CH\!-\!CH_2)_x\sim$ |
| **Identificação do polímero** | • **Ensaio 3A**: Pirólise<br>• **Ensaio 3B**: Fusibilidade<br>• **Ensaio 4A**: Solubilidade<br>• **Ensaio 4B**: Inchamento diferencial<br>• **Ensaio 5A**: Identificação de cloro e bromo<br>• **Ensaio 5B**: Diferenciação entre cloro e bromo<br>• **Ensaio 11B**: Ácido-resistência<br>• **Ensaio 32**: Determinação da dureza<br>• **Ensaio 33**: Determinação da densidade<br>• **Ensaio 34**: Determinação da inflamabilidade |

**Observações**: **CR**, vulcanizado com óxidos metálicos, é polímero borrachoso, contendo cadeia com insaturação olefínica. Tem densidade maior que 1 e é auto-extinguível.

## Painel 90

| **Identificação de IR vulcanizado** | |
|---|---|
| Classe III | • **Polímeros Termorrígidos Químicos**<br>• Caracterização da Classe:<br>    **Ensaio 3B**: Fusibilidade — Infusível<br>    **Ensaio 4A**: Solubilidade — Insolúvel<br>    **Ensaio 4B**: Inchamento diferencial |
| Grupo XVII | • **Polímeros Termorrígidos Químicos Borrachosos**<br>• Caracterização do Grupo:<br>    **Ensaio 32**: Determinação da dureza |
| Subgrupo XXIV | • **Polímeros Termorrígidos Químicos Não-Borrachosos com Baixa Resistência à Oxidação**<br>• Caracterização do Subgrupo:<br>    **Ensaio 4B**: Inchamento diferencial — Categoria ID-2<br>    **Ensaio 11B**: Ácido-resistência — Categoria AR-2 |
| Polímero | **Elastômero de poliisopreno**<br><br>$\sim[CH_2—C(CH_3)=CH—CH_2]_x\sim$ |
| Identificação do polímero | • **Ensaio 3A**: Pirólise<br>• **Ensaio 3B**: Fusibilidade<br>• **Ensaio 4A**: Solubilidade<br>• **Ensaio 4B**: Inchamento diferencial<br>• **Ensaio 7B**: Identificação de enxofre elementar<br>• **Ensaio 11B**: Ácido-resistência<br>• **Ensaio 12A**: Ataque por mistura sulfocrômica<br>• **Ensaio 16A**: Identificação de ácido carboxílico volátil em geral<br>• **Ensaio 16C**: Identificação de ácido acético<br>• **Ensaio 32**: Determinação da dureza<br>• **Ensaio 33**: Determinação da densidade<br>• **Ensaio 34**: Determinação da inflamabilidade |

**Observações**: **IR**, vulcanizado com enxofre, é polímero borrachoso, com cadeia contendo insaturação olefínica. É atacado por agente oxidante, gerando ácido acético. Responde negativamente ao **Ensaio 8**, distinguindo-se de **NR**. Tem densidade maior que 1 e é inflamável.

## Painel 91

| | |
|---|---|
| **Identificação de NR vulcanizado** | |
| **Classe III** | • **Polímeros Termorrígidos Químicos**<br>• Caracterização da Classe:<br>　　**Ensaio 3B**: Fusibilidade — Infusível<br>　　**Ensaio 4A**: Solubilidade — Insolúvel<br>　　**Ensaio 4B**: Inchamento diferencial |
| **Grupo XVII** | • **Polímeros Termorrígidos Químicos Borrachosos**<br>• Caracterização do Grupo:<br>　　**Ensaio 32**: Determinação da dureza |
| **Subgrupo XXIV** | • **Polímeros Termorrígidos Químicos Não-Borrachosos com Baixa Resistência à Oxidação**<br>• Caracterização do Subgrupo:<br>　　**Ensaio 4B**: Inchamento diferencial — Categoria ID-2<br>　　**Ensaio 11B**: Ácido-resistência — Categoria AR-2 |
| **Polímero** | **Elastômero de borracha natural**<br><br>$\sim[CH_2—C(CH_3)=CH—CH_2]_x\sim$ |
| **Identificação do polímero** | • **Ensaio 3A**: Pirólise<br>• **Ensaio 3B**: Fusibilidade<br>• **Ensaio 4A**: Solubilidade<br>• **Ensaio 4B**: Inchamento diferencial<br>• **Ensaio 7B**: Identificação de enxofre elementar<br>• **Ensaio 8**: Identificação de fósforo<br>• **Ensaio 11B**: Ácido-resistência<br>• **Ensaio 12A**: Ataque por mistura sulfocrômica<br>• **Ensaio 16A**: Identificação de ácido carboxílico volátil em geral<br>• **Ensaio 16C**: Identificação de ácido acético<br>• **Ensaio 32**: Determinação da dureza<br>• **Ensaio 33**: Determinação da densidade<br>• **Ensaio 34**: Determinação da inflamabilidade |

**Observações: NR**, elastômero de *cis*-poliisopreno, vulcanizado com enxofre, é polímero borrachoso, com cadeia contendo insaturação olefínica. É atacado por agente oxidante, gerando ácido acético. Responde positivamente ao **Ensaio 8**, distinguindo-se de **IR**. Tem densidade maior que 1 e é inflamável.

## Painel 92

### Identificação de EOT vulcanizado

| Classe III | • **Polímeros Termorrígidos Químicos**<br>• Caracterização da Classe:<br>    **Ensaio 3B**: Fusibilidade — Infusível<br>    **Ensaio 4A**: Solubilidade — Insolúvel<br>    **Ensaio 4B**: Inchamento diferencial |
|---|---|
| Grupo XVII | • **Polímeros Termorrígidos Químicos Borrachosos**<br>• Caracterização do Grupo:<br>    **Ensaio 32**: Determinação da dureza |
| Subgrupo XXV | • **Polímeros Termorrígidos Químicos Não-Borrachosos com Mínima Resistência à Oxidação**<br>• Caracterização do Subgrupo:<br>    **Ensaio 4B**: Inchamento diferencial — Categoria ID-4<br>    **Ensaio 11B**: Ácido-resistência — Categoria AR-4 |
| Polímero | **Elastômero de poli(sulfeto orgânico)**<br><br>$\sim[CH_2\!-\!CH_2\!-\!S\!-\!S]_x\sim$<br>              S    S |
| Identificação do polímero | • **Ensaio 3A**: Pirólise<br>• **Ensaio 3B**: Fusibilidade<br>• **Ensaio 4A**: Solubilidade<br>• **Ensaio 4B**: Inchamento diferencial<br>• **Ensaio 7A**: Identificação de enxofre combinado<br>• **Ensaio 7B**: Identificação de enxofre elementar<br>• **Ensaio 11B**: Ácido-resistência<br>• **Ensaio 20**: Identificação de sulfona<br>• **Ensaio 32**: Determinação da dureza<br>• **Ensaio 33**: Determinação da densidade<br>• **Ensaio 34**: Determinação da inflamabilidade |

**Observações**: **EOT**, vulcanizado com óxidos metálicos, é polímero borrachoso, com cadeia saturada contendo átomos de carbono e de enxofre. Por ação de calor (**Ensaio 3A**), há liberação de vapores sulfurados, desagradáveis. Tem densidade maior que 1 e é auto-extinguível.

# CAPÍTULO 21

# AS MISTURAS POLIMÉRICAS INDUSTRIAIS E OS PRODUTOS RECICLADOS

O acelerado desenvolvimento ocorrido na área das misturas poliméricas a partir da década de 70, buscando atender às exigências cada vez mais rigorosas e sofisticadas por parte das indústrias automotiva, aeronáutica, aeroespacial, eletroeletrônica e de informática, teve seus reflexos também na identificação dos materiais de engenharia.

O conhecimento mais aprofundado dos diversos aspectos de compatibilidade e incompatibilidade de polímeros permitiu a elaboração de numerosas misturas industriais, tanto miscíveis quanto imiscíveis, como se pode observar nos **Quadros 24 e 25**. A preparação de misturas especiais oferece vantagens econômicas sobre a implantação industrial de novas estruturas químicas.

No método de análise qualitativa de plásticos, borrachas e fibras proposto neste livro para a identificação do polímero-base contido na amostra, é perfeitamente possível avaliar também a presença de mais de um polímero em mistura, quando ambos estão presentes em proporções significativas.

Nestes casos, os resultados experimentais que vão sendo obtidos pela aplicação sistemática do método fornecem informações conflitantes. Deve-se então proceder à separação dos componentes poliméricos da mistura através da extração com solventes, de acordo com o quadro de solubilidades apresentado no **Ensaio 4A**, no **Capítulo 22**, e examinar cada fração obtida, tal como se fosse um polímero isolado.

No entanto, é comum que um profissional experimentado, que já tenha informações sobre a aplicação da amostra e suspeitas do que seja a sua composição, consiga, de forma rápida, reduzir o tempo de análise, procurando confirmar ou descartar suas hipóteses através de ensaios específicos, dentre os apresentados no **Capítulo 22** deste livro.

Para facilitar a identificação dos componentes de uma mistura polimérica, é informado em cada Painel individual, quando for o caso, o polímero mais comumente usado na indústria como complementar de propriedades de outro polímero.

## Quadro 24

### Desenvolvimento tecnológico no campo das misturas miscíveis de polímeros

| Mistura miscível | | Principais aplicações |
|---|---|---|
| Polímero principal | Polímero secundário | |
| LDPE | LLDPE, HDPE | Filme para embalagem |
| PP | PB | Filme para embalagem |
| PVC | NBR | Revestimento de fios e cabos; embalagem; carcaça de aparelhos |
| | CPE | Revestimento de fios e cabos; embalagem; carcaça de aparelhos; solados |
| PMMA | PVDF | Placas transparentes para exteriores |
| PPO | PS | Painéis; carcaça de bombas |
| NBR | PVC | Revestimento de mangueiras, fios e cabos |

Um outro aspecto interessante do desenvolvimento dos polímeros no fim do século foi a aplicação de procedimentos industriais diversos para a recuperação do material plástico pós-consumido, visando a sua reentrada no processo produtivo e a despoluição ambiental. Desta maneira, um novo tipo de composição, muitas vezes diversificada e ilógica, surgiu nos artefatos comercializados.

A caracterização da amostra como material reciclado é um dos objetivos importantes do controle de qualidade, tanto da matéria-prima quanto do artefato comercializado, cujas especificações não incluem a presença de contaminantes indesejáveis. Para que o processo descrito neste livro possa ser úitl também nestes casos, é importante levar em conta que, quando os contaminantes não são em quantidades substanciais, os processos indicados para a sua detecção devem ser métodos instrumentais, principalmente calorimétricos, que permitem a fácil superposição com curvas-padrão de polímeros isolados, para avaliar o teor de contaminação, sem a necessidade de identificação de quais sejam as impurezas.

**Quadro 25**

## Desenvolvimento tecnológico no campo das misturas imiscíveis de polímeros

| Mistura imiscível | | Principais aplicações |
|---|---|---|
| Polímero principal | Polímero secundário | |
| PP | EPDM | Pára-choques, mangueiras, gaxetas de carros; isolamento de cabos |
| PS | BR | Copos, bandejas e embalagens descartáveis; artigos eletrodomésticos e de escritório; indústria automobilística |
| PVC | ABS | Pisos; carcaça para equipamentos domésticos e de escritório; elemento estrutural para malas; componentes elétricos |
| | PU | Solados de sapato; artigos resistentes a óleo |
| SAN | EPDM | Cascos de bote; equipamentos para recreação; suportes de painel solar |
| PC | ABS | Anéis para farol de carros; carcaças para equipamento de escritório |
| | PBT | Pára-choques, painéis e lanternas de carros; carcaças de máquinas de escritório |
| | PBT + Elastômero | Pára-choques e partes externas de carro; carcaça de máquinas pesadas e tubulações |
| | PET | Pára-choques e partes em contato com fluidos de carros; carcaça de máquinas pesadas; filmes para uso médico, gráfico, isolamento elétrico, radiografia |
| PET | Elastômero | Partes de carroceria, volante, componentes internos de carros |
| | PMMA | Indústria eletroeletrônica |
| PBT | PET | Indústria eletroeletrônica; carcaças para aparelhos domésticos |
| | PC | — |
| | Elastômero | — |

**Quadro 25**    (*Continuação*)

| Mistura imiscível | | Principais aplicações |
|---|---|---|
| Polímero principal | Polímero secundário | |
| PA | PE | Tanques de gasolina |
| | PU | — |
| | EPDM | Indústria automobilística; contentores; material esportivo |
| | ABS | Painéis e componentes de carros |
| PPO | PA | Calotas, pára-lamas, suporte de retrovisores e componentes externos de carros; aplicações médicas, material esportivo |
| | HIPS | Indústria automobilística; indústria eletro-eletrônica; partes de aparelhos domésticos e de escritório |
| PPS | PTFE | Selos, válvulas e mancais |
| PSF | ABS | Pára-choques, painéis, componentes para circuito integrados e motores de carros; peças metalizadas; torneiras e encanamentos |
| | PET | Equipamentos para indústria alimentícia |

# CAPÍTULO 22

## ENSAIOS EMPREGADOS NA IDENTIFICAÇÃO DE PLÁSTICOS, BORRACHAS E FIBRAS

De acordo com o novo método proposto neste livro para a identificação do polímero contido em uma amostra sólida, de origem industrial, é necessário que seja aplicada uma série de ensaios, de modo a caracterizar sucessivamente a Classe, o Grupo, o Sub-Grupo (quando for o caso), e por fim o Painel correspondente ao polímero contido na amostra. Desta maneira, é possível diferenciar de forma sistemática cada um dos 92 polímeros industriais incluídos no estudo Por outro lado, consultando os Painéis, pode-se facilmente reconhecer as características de algum polímero que se presuma ser o componente principal de um plástico ou borracha ou outro produto polimérico, em peças de origem industrial.

O presente Capítulo descreve detalhadamente os procedimentos experimentais empregados nesses ensaios. Procurou-se uma seqüência lógica, buscando reações químicas que pudessem identificar o polímero, diretamente ou após a fragmentação molecular. Algumas vezes, dentro do mesmo ensaio, constam diversas técnicas conforme o objetivo; são caracterizadas por letras maiúsculas entre parênteses.

Foram ainda incluídos alguns ensaios físicos muito simples, rápidos e elucidativos, valiosos para eventual consolidação das conclusões obtidas.

Após a descrição do procedimento a ser usado, são acrescentadas algumas observações, úteis para a boa compreensão do método de análise qualitativa proposto.

*ATENÇÃO*: — É indispensável realizar sempre o ensaio em branco, isto é, apenas os reagentes, sem a amostra.

- **Ensaio 1** — Eliminação do solvente

- **Ensaio 2** — Microscopia ótica

- **Ensaio 3** — Ação do calor
    (A) Pirólise
    (B) Fusibilidade
    (C) Calcinação

- **Ensaio 4** — Ação do solvente
    (A) Solubilidade
    (B) Inchameanto diferencial

- **Ensaio 5** — Identificação de halogênio
    (A) Cloro e bromo
    (B) Diferenciação entre cloro e bromo
    (C) Flúor

- **Ensaio 6** — Identificação de nitrogênio

- **Ensaio 7** — Identificação de enxofre
    (A) Enxofre combinado
    (B) Enxofre elementar

- **Ensaio 8** — Identificação de fósforo

- **Ensaio 9** — Identificação de silício

- **Ensaio 10** — Ataque por base forte
    (A) Hidróxido de potássio/etanol
    (B) Hidróxido de potássio/glicol etilênico

- **Ensaio 11** — Ataque por ácido forte
    (A) Ácido sulfúrico
    (B) Ácido-resistência

- **Ensaio 12** — Ataque por agente oxidante forte
    (A) Mistura sulfocrômica
    (B) Mistura sulfonítrica
    (C) Dióxido de manganês/ácido sulfúrico

- **Ensaio 13** — Identificação de base orgânica
    (A) Amina primária aromática
    (B) Amina primária, secundária ou terciária aromática

- **Ensaio 14** — Identificação de uréia

- **Ensaio 15** — Identificação de proteína
  - (A) Proteína em geral
  - (B) Couro

- **Ensaio 16** — Identificação de ácido orgânico
  - (A) Ácido carboxílico volátil em geral
  - (B) Ácido carboxílico fixo em geral
  - (C) Ácido acético
  - (D) Ácido metacrílico
  - (E) Ácido adípico
  - (F) Anidrido ftálico

- **Ensaio 17** — Identificação de fenol
  - (A) Fenol volátil
  - (B) Fenol sem substituinte em posição  *o-*  ou  *p-*

- **Ensaio 18** — Identificação de aldeído fórmico

- **Ensaio 19** — Identificação de éster alifático

- **Ensaio 20** — Identificação de sulfona

- **Ensaio 21** — Identificação de polissacarídeo
  - (A) Com acetato de anilina
  - (B) Com benzeno e etanol

- **Ensaio 22** — Identificação de polímero metacrílico

- **Ensaio 23** — Identificação de polímero oximetilênico

- **Ensaio 24** — Identificação de polímero estirênico
  - (A) Sem cal
  - (B) Com cal

- **Ensaio 25** — Identificação de polímero nitrílico

- **Ensaio 26** — Identificação de poli(cloreto de vinilideno)

- **Ensaio 27** — Identificação de polímero por complexação
  - (A) Com iodo
  - (B) Com bórax

- **Ensaio 28** — Identificação de insaturação olefínica

- **Ensaio 29** — Identificação de poliisobutileno

- **Ensaio 30** — Identificação de polímero parafínico

- **Ensaio 31** — Identificação de grupo oxidante

- **Ensaio 32** — Determinação da dureza

- **Ensaio 33** — Determinação da densidade

- **Ensaio 34** — Determinação da inflamabilidade

## E N S A I O 1

### Eliminação do solvente

Para eliminar o solvente eventualmente presente em um material líquido, colocar em placa de Petri alguns mililitros da amostra industrial. Transferir a placa para uma estufa com circulação de ar, a 60°C, até a eliminação visual do solvente.

O resíduo sobre a placa pode se apresentar como um filme contínuo, sólido; este resultado é positivo para a presença de polímero. Se o resíduo se mostrar espesso, pegajoso, o resultado pode indicar a presença de oligômero, isto é, polímero de peso molecular pouco elevado. A ausência de polímero na amostra é também revelada pela formação de resíduo com aspecto de fragmentos descontínuos.

Se, após 1 hora, a amostra líquida continuar inalterada, pode-se concluir que o produto não é polimérico.


**Observações:**

Se não houver a formação de filme, não se deve descartar a hipótese de presença de polímero, pois poderá tratar-se de um polímero termorrígido.

Os polímeros termorrígidos são infusíveis, e podem ser termorrigidos químicos ou termorrígidos físicos. Quando são termorrígidos químicos, mostram total insolubilidade em todos os solventes, mesmo a quente, devido às reticulações que se formam na massa polimérica através de reações químicas, durante a chamada cura. Nesses caso, podem inchar em determinados solventes, sem contudo dissolver. Em borrachas, a cura é em geral promovida pelo enxofre, e é denominada vulcanização.

Quando os polímeros são termorrígidos físicos, ocorrem pseudo-reticulações, promovidas por forças mais fracas, como ligações hidrogênicas, que são destruídas em presença de solventes especiais, muito polares, havendo então a solubilização do polímero.

# E N S A I O     2

## Microscopia ótica

Para exame microscópico preliminar de um material, colocar fragmentos da amostra sobre uma lâmina de vidro, e sobre ela aplicar uma gota de parafina líquida ou outro líquido adequado, para tornar o meio oticamente homogêneo, e sobrepor uma lamínula. Adaptar o sistema à platina de um microscópio ótico, escolhendo as lentes ocular e objetiva de modo a obter um aumento de 200-500 vezes. Observar se os fragmentos da amostra têm forma definida e repetida. A irregularidade morfológica indica produto natural; a regularidade, produto sintético.

**Observações:**

As partículas de produtos de origem natural, sejam fibras, cristais ou massas amorfas, se caracterizam pela irregularidade de forma e tamanho. Desconsiderar contaminações eventuais, que ocorrem em apenas alguns campos da imagem ampliada.

Os produtos de origem sintética, como filamentos, placas, etc., apresentam fragmentos com regularidade de forma e dimensões.

O exame microscópico do corte transversal de fibras e filamentos exige que se obtenha uma lâmina muito fina da amostra. Isto pode ser feito com instrumentos especiais, ou mesmo cortando longitudinalmente uma rolha de cortiça e colocando a amostra de modo a formar um sanduíche, fixando-a com adesivo comum. Em seguida, cortam-se fatias muito finas, que terão ao centro um corte da fibra ou filamento para exame.

Algumas misturas poliméricas podem ter seus componentes individuais visualizados por microscopia ótica, já com aumento de 200 vezes.

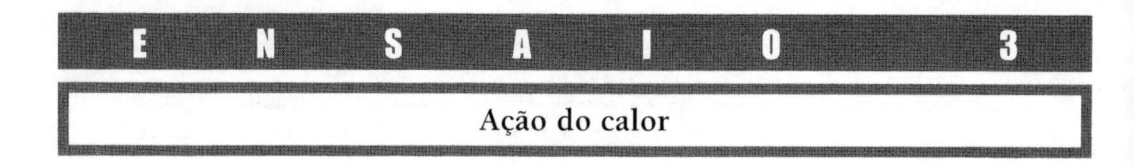

E N S A I O 3

## Ação do calor

## (A) Pirólise

Para realizar a pirólise do material, colocar alguns fragmentos da amostra em tubo de ensaio. Com o auxílio de uma pinça de madeira, fixar à boca do tubo uma tira de papel de tornassol azul, úmida, de modo a interceptar a saída dos vapores. Com cuidado, aquecer progressivamente o tubo em chama de bico de Bunsen. Se houver formação de vapores ácidos, o papel de tornassol passará à coloração rosa. A condensação de gotículas, ou partículas, ou cristais, nas regiões mais frias do tubo possibilita a identificação de produtos de decomposição do material; remover estes produtos com uma tira de papel de filtro, para subseqüente análise.

Continuar o aquecimento, e observar se o material está escurecendo;  aquecer até restar um resíduo carbonizado, sólido, negro, no fundo do tubo, o que indicará a presença de material orgânico, polimérico ou não, na amostra. Prosseguindo o aquecimento, o resíduo negro, de carbono, irá desaparecer. Se o resíduo final for branco, ou levemente colorido, isto é uma indicação de produto mineral usado como carga ou pigmento, provavelmente carbonato de cálcio, ou caulim, ou sílica, ou óxido de zinco, ou óxido de titânio.

Se o material não for carbonizável, mantendo-se aparentemente inalterado, observar se há formação de vapores brancos, espessos, que se solidificam na parte superior interna do tubo, formando cristais sublimados de sílica;  isto é a indicação de que a amostra em exame é um polissiloxano.

Se o material for branco, não fundir nem carbonizar e emitir vapores não condensáveis, desaparecendo progressivamente, isto indica tratar-se de PTFE. Se o material for negro, trata-se de carbono.

## Observações:

O comportamento da amostra durante o aquecimento é uma excelente fonte de indicações preliminares para a identificação de um polímero industrial. O aquecimento deve ser progressivo, permitindo observar a evolução de vapores, condensáveis ou não na parede superior do tubo. O aparecimento de gotículas incolores indica despolimerização, que ocorre com certos produtos, como o poliestireno e o poli(metacrilato de metila). A fusão, seguida de gradual amarelecimento da amostra, revela degradação do material. A agressão ao vidro do tubo de ensaio é indicação da presença de vapores de ácido fluorídrico, resultante da decomposição da amostra, o que indica a presença de um dos polímeros fluorados.

A formação de resíduo volumoso no tubo de ensaio pode indicar a presença de carga, orgânica ou inorgânica. Neste último caso, a calcinação total em cadinho de porcelana permitirá a obtenção das cinzas, seguindo o procedimento descrito no **Ensaio 3 (C)**. O comportamento ao calor dos materiais é informado nos Painéis correspondentes.

## (B) Fusibilidade

Para verificar a fusibilidade do material, colocar alguns fragmentos da amostra sólida em tubo de ensaio, levando o tubo à chama de um bico de Bunsen; observar se a amostra é fusível, sacudindo o tubo. Se o material amolecer, aderindo à parede do tubo, o ensaio é positivo para material fusível, isto é, material termoplástico. Se o material permanecer solto no fundo do tubo, como um resíduo carbonizado, sólido, negro, o ensaio indica infusibilidade, isto é, material termorrígido.

### Observações:

Deve-se acompanhar atentamente o comportamento da amostra durante o aquecimento, anotando a formação de vapores, sua coloração e forma de condensação, assim como o odor e a variação de cor do resíduo até a fase final, pois isto poderá indicar a presença ou ausência de carga mineral, ou mesmo a sua natureza química.

É preciso insistir com o aquecimento até certificar-se de que a amostra é ou não fusível, pois alguns polímeros fluorados somente exibem fusão a temperaturas elevadas, o que causa simultaneamente também a degradação do material.

Vapores incolores, volumosos, podem revelar despolimerização. Podem condensar ou não nas regiões mais frias do tubo de ensaio. A formação de gotículas pode indicar monômero despolimerizado, em produtos de poliadição. A solidificação de cristais na parede do tubo sugere diácidos ou anidridos sublimados, resultantes da decomposição de produtos de policondensação. Quando se ouvem fracos estalidos durante o aquecimento, tem-se a indicação de presença de resíduos de peróxido na amostra. Isto pode acontecer em composições plásticas ou elastoméricas que utilizaram como agente de cura um peróxido, como ocorre nas borrachas de silicone ou em alguns elastômeros termoplásticos.

Quando os vapores produzidos são amarelados, passando a acastanhados, está ocorrendo decomposição oxidativa da amostra.

## (C) Calcinação

Quando se deseja verificar se há produto inorgânico na amostra, deve-se calcinar o material e investigar a natureza da cinza eventualmente formada. O procedimento é o seguinte:

Em cadinho de porcelana, colocar um pequeno fragmento da amostra e aquecer fortemente à chama direta, com bico de Bunsen. A formação de resíduo negro, que vai desaparecendo com o aquecimento, indica material orgânico. Se, ao término do aquecimento, restar resíduo incombustível, não-negro (branco, amarelado, acinzentado ou castanho-avermelhado) no fundo do cadinho, isto indica a presença de pigmento ou carga mineral na amostra.

Observações:

A cinza contém os óxidos ou sais dos metais que estavam presentes na amostra inicial. A sua análise qualitativa é fácil e muito útil quando se deseja a recomposição das formulações dos plásticos e das borrachas em identificação. A coloração das cinzas é indício valioso da sua composição.

Reação alcalina, tornando azul o papel de tornassol rosa úmido ao contato com a cinza, revela a presença de cálcio, magnésio ou sódio. A cor branca do resíduo a frio e a quente é indicação de cálcio, decorrente da carga de carbonato de cálcio, ou de magnésio, usado como óxido de magnésio na vulcanização de certas borrachas. Se a cor da cinza for branca a frio, porém intensamente amarela a quente, a presença de dióxido de titânio ou de óxido de zinco é revelada; estes dois óxidos são de uso comum respectivamente como pigmento, em plásticos, ou ativador de vulcanização, em borrachas. Resíduo vermelho-acastanhado é indicação de óxido de ferro, usado como pigmento em borrachas.

A identificação dos componentes da cinza pode ser obtida através de espectrometria de absorção atômica ou espectrometria de fluorescência de raios-X.

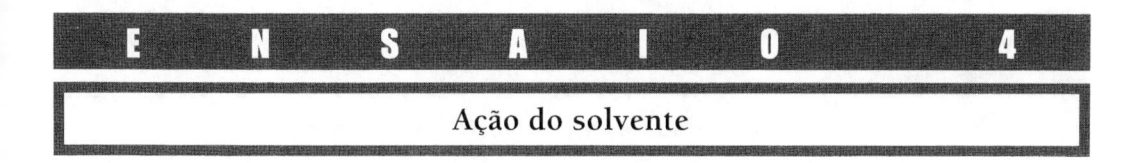

### Ação do solvente

## (A) Solubilidade

Para verificar a solubilidade de um material, colocar alguns fragmentos da amostra em uma série de 8 tubos de ensaio, e adicionar a cada tubo 2-5 ml de um solvente diferente: água, metanol, acetona, heptano, acetato de etila, clorofórmio, benzeno e tetra-hidrofurano. Observar o comportamento da amostra, a frio, ao fim de cerca de 10 minutos. Se houver em algum dos tubos indícios de dissolução, formando solução viscosa, pode-se considerar o material como um polímero solúvel. Se houver inchamento da amostra, sem formar solução viscosa, o material está reticulado; é um polímero insolúvel.

A dissolução total exige tempo mais prolongado; usualmente, deixa-se a amostra em contacto com o solvente, a frio, por uma noite. Às vezes, é necessário aquecer a mistura para promover a solubilização. Para a aplicação do método descrito neste livro, não é necessária a total dissolução. Maiores informações sobre a solubilidade de cada polímero industrial se encontram no **Quadro 26**.

## Observações:

Solventes especiais, como sulfóxido de dimetila (DMSO), dimetil-formamida (DMF), decalina, nitrobenzeno, metil-etil-cetona, xileno, ácido fórmico, ácido acético e ácido sulfúrico concentrado, poderão atuar desfazendo as ligações hidrogênicas ou outras interações moleculares, solubilizando o polímero.

Pode-se obter facilmente uma película sólida a partir da solução concentrada do polímero, conforme descrito no **Ensaio 1**.

A reticulação poderá ser causada por ligações físico-químicas, como ligações hidrogênicas, e neste caso a amostra será solúvel em certos solventes, dentre os abaixo relacionados. Trata-se de polímero termorrígido físico. Por outro lado, a reticulação poderá decorrer da formação de ligações covalentes, que não são rompidas por solventes; o material é irreversivelmente insolúvel. Neste caso, trata-se de polímero termorrígido químico.

A relação de solventes apresentada é uma sugestão para a verificação da solubilidade da amostra. Basta um solvente ser atuante para a inclusão do material entre os polímeros solúveis. O resultado vale quando é positivo; se os solventes experimentados não forem atuantes rapidamente, isto não indica insolubilidade da amostra; apenas, insolubilidade nos solventes experimentados. Outros solventes menos comuns, como tetra-hidrofurano, dimetil-formamida e sulfóxido de dimetila poderão ser atuantes neste caso.

## Quadro 26

### Solubilidade dos polímeros industriais

| Painel nº | Polímero (sigla) | Solubilidade | | | | | | | | Observações |
|---|---|---|---|---|---|---|---|---|---|---|
| | | 1 | 2 | 3 | 4 | 5 | 6 | 7 | 8 | |
| 1 | CIIR (c) | + | + | − | + | + | − | − | − | |
| 2 | CR (c) | + | − | + | + | + | − | − | − | |
| 3 | CSM (c) | + | + | − | + | + | − | − | − | |
| 4 | PCTFE | − | − | − | − | − | − | − | − | |
| 5 | PVC | − | − | − | − | + | − | − | − | |
| 6 | PVCAc | + | − | − | − | − | − | − | − | |
| 7 | PVDC | + | + | − | − | − | − | − | − | |
| 8 | BIIR | + | + | − | + | + | − | − | − | |
| 9 | FPM | − | − | − | − | − | − | − | − | DMSO, MEK (+,q) |
| 10 | PTFE | − | − | − | − | − | − | − | − | DMSO (+, q) |
| 11 | PVDF | − | − | − | − | − | − | − | − | DMSO, MEK (+,q) |
| 12 | ABS | + | + | − | + | + | − | − | − | |
| 13 | SAN | + | + | − | + | + | − | − | − | |
| 14 | NBR (c) | + | + | − | + | + | − | − | − | |
| 15 | PU | − | − | − | − | − | − | − | − | DMSO, DMF (+) |
| 16 | PA$_{alifática}$ | − | − | − | − | − | − | − | − | Ac.acético, DMF, DMSO (+,q) |
| 17 | PI | − | − | − | − | − | − | − | − | |
| 18 | PVP | − | − | + | − | + | + | − | − | |
| 19 | PSF | − | − | − | + | + | − | − | − | |
| 20 | PPS | − | − | − | + | + | − | − | − | |
| 21 | EOT | + | + | − | + | + | − | − | − | |
| 22 | MQ (c) | − | − | − | + | + | − | − | − | |
| 23 | CAc | − | + | − | − | + | − | − | − | |
| 24 | CAcB | − | + | − | − | + | − | − | − | |
| 25 | PBMA | + | + | − | + | + | − | − | − | |
| 26 | PMMA | + | + | − | + | + | − | − | − | |
| 27 | POM | − | − | − | − | − | − | − | − | DMSO (+), DMF (+,q) |
| 28 | HIPS | + | + | − | + | + | − | + | − | |
| 29 | PS | + | + | − | + | + | − | − | − | |
| 30 | PSMMA | + | + | − | + | + | − | − | − | |
| 31 | SBR (c) | + | + | − | + | + | − | − | − | |
| 32 | SIS (c) | + | + | − | + | + | − | − | − | |
| 33 | PC | − | − | − | − | + | − | − | − | |
| 34 | PAR | − | − | − | − | − | − | − | − | |
| 35 | LCP | − | − | − | − | − | − | − | − | H$_2$SO$_4$ (+) |
| 36 | PBT | − | − | − | − | − | − | − | − | Nitrobenzeno, DMSO (+,q) |
| 37 | PET | − | − | − | − | − | − | − | − | Nitrobenzeno, DMSO (+,q) |
| 38 | EVA | − | − | − | − | − | − | − | − | Xileno (+,q) |
| 39 | PBA | + | + | − | + | + | − | − | − | |
| 40 | PVAc | + | + | − | + | + | − | − | − | |
| 41 | PVB | + | + | − | − | + | + | − | − | |
| 42 | PVF | + | + | − | − | + | + | − | − | |
| 43 | BR (c) | + | + | − | + | + | − | − | + | |

| | | (1) | (2) | (3) | (4) | (5) | (6) | (7) | (8) | |
|---|---|---|---|---|---|---|---|---|---|---|
| 44 | EPDM (c) | + | + | − | + | + | − | − | − | |
| 45 | IIR (c) | + | + | − | + | + | − | − | − | |
| 46 | IR (c) | + | + | − | + | + | − | − | + | |
| 47 | NR (c) | + | + | − | + | + | − | − | + | |
| 48 | PE | − | − | − | − | − | − | − | − | Xileno (+,q), decalina (+,q) |
| 49 | PK | − | − | − | + | − | − | − | − | |
| 50 | PP | − | − | − | − | − | − | − | − | Xileno (+,q), decalina (+,q) |
| 51 | PPO | − | − | − | + | + | − | − | − | |
| 52 | Alginato | − | − | + | − | − | − | − | − | Solução aquosa $Na_2CO_3$ (+) |
| 53 | Carragenana | − | − | + | − | − | − | − | − | Solução aquosa NaOH (+) |
| 54 | SCMC | − | − | + | − | − | − | − | − | |
| 55 | Xantana | − | − | − | − | − | − | − | − | Solução aquosa NaOH (+) |
| 56 | Agarose | − | − | + | − | − | − | − | − | $DMSO/H_2O$ (9:1) (+) |
| 57 | Amido | − | − | − | − | − | − | − | − | $DMSO/H_2O$ (9:1) (+) |
| 58 | RC | − | − | − | − | − | − | − | − | $DMSO/H_2O$ (9:1) (+) |
| 59 | CN | − | − | − | − | + | + | − | − | |
| 60 | HEC | − | − | + | − | − | − | − | − | $DMSO/H_2O$ (9:1) (+) |
| 61 | MC | − | − | + | − | − | − | − | − | $DMSO/H_2O$ (9:1) (+) |
| 62 | Gelatina | − | − | + | − | − | − | − | − | |
| 63 | Lã | − | − | − | − | − | − | − | − | |
| 64 | Seda | − | − | − | − | − | − | − | − | |
| 65 | PA$_{aromática}$ | − | − | − | − | − | − | − | − | $H_2SO_4$ (+,q) |
| 66 | PAM | − | − | + | − | − | − | − | − | |
| 67 | PAN | − | − | − | − | − | − | − | − | DMF (+) |
| 68 | PAA | − | − | + | − | − | + | − | − | |
| 69 | PMAA | − | − | + | − | − | + | − | − | |
| 70 | PVAl | − | − | + | − | − | − | − | − | |
| 71 | Couro | − | − | − | − | − | − | − | − | |
| 72 | MR | − | − | − | − | − | − | − | − | |
| 73 | PUR | − | − | − | − | − | − | − | − | |
| 74 | UR | − | − | − | − | − | − | − | − | |
| 75 | ER | − | − | − | − | − | − | − | − | |
| 76 | PPPM | − | − | − | − | − | − | − | − | |
| 77 | PR | − | − | − | − | − | − | − | − | |
| 78 | Carbono | − | − | − | − | − | − | − | − | |
| 79 | BIIR (v) | − | − | − | − | − | − | − | − | |
| 80 | CIIR (v) | − | − | − | − | − | − | − | − | |
| 81 | CSM( v) | − | − | − | − | − | − | − | − | |
| 82 | EPDM (v) | − | − | − | − | − | − | − | − | |
| 83 | FPM (v) | − | − | − | − | − | − | − | − | |
| 84 | IIR (v) | − | − | − | − | − | − | − | − | |
| 85 | MQ | − | − | − | − | − | − | − | − | |
| 86 | BR (v) | − | − | − | − | − | − | − | − | |
| 87 | NBR (v) | − | − | − | − | − | − | − | − | |
| 88 | SBR (v) | − | − | − | − | − | − | − | − | |
| 89 | CR (v) | − | − | − | − | − | − | − | − | |
| 90 | IR (v) | − | − | − | − | − | − | − | − | |
| 91 | NR (v) | − | − | − | − | − | − | − | − | |
| 92 | EOT (v) | − | − | − | − | − | − | − | − | |

(1) Acetato de etila; (2) Acetona; (3) Água; (4) Benzeno; (5) Clorofórmio; (6) Metanol; (7) Tetra-hidrofurano; (8) Heptano; (c) Cru; (v) Vulcanizado; (+) Solúvel; (−) Insolúvel; (q) A quente.

## (B) Inchamento diferencial

Os solventes afrouxam as forças inter- e intramoleculares, que atuam associando os segmentos das cadeias poliméricas, com maior ou menor intensidade, conforme a natureza química do polímero e do solvenre. Esta ação é particularmente útil na identificação de borrachas vulcanizadas, através das razões de inchamento diferencial em 3 solventes bastante diferentes: anilina (A), benzeno (B) e heptano (H). O procedimento para esta determinação é descrito a seguir.

Escolher 3 frascos de vidro, de capacidade entre 250 e 400 ml, com boca larga e tampa removível. Preparar amostras a partir do artefato de borracha vulcanizada, cortando placas com facão ou outro instrumento adequado. A espessura média das placas deve ser regular, mensurável com razoável precisão empregando micrômetro ou paquímetro. O formato dos corpos-de-prova é irrelevante.

É preciso observar a identidade de cada corpo-de-prova no momento da medida, que é feita antes e depois de proceder ao inchamento nos solventes. Para resultados confiáveis, trabalhar em triplicata. São necessários 3 corpos-de-prova para cada solvente, e podem ser colocados em um único frasco, desde que o formato permita distingui-los (por exemplo, variando o número de arestas).

Em cada frasco, cobrir os corpos-de-prova com um dos solventes, anilina, benzeno e heptano, devendo o nível do líquido atingir pelo menos o triplo da altura das amostras submersas. Vedar os frascos para evitar a evaporação dos solventes. Repetir a determinação da espessura em cada corpo-de-prova após 6 horas, e depois, diariamente, até razoável estabilização dos valores. Em geral, 1 dia é suficiente para atingir o equilíbrio e fazer-se a medida. Se alguma das medidas mostrar redução de valor, devido à extração de algum componente da formulação, considerar a medida como ligeiramente superior à medida inicial, para ser possível o cálculo das razões de inchamento. Antes de efetuar a medida, secar a amostra com papel de filtro; após a medida, retornar imediatamente o corpo-de-prova ao respectivo frasco. Determinar a média das razões de inchamento em benzeno/heptano (B/H), benzeno/anilina (B/A) e heptano/anilina (H/A). Consultar então o **Quadro 27**, e verificar em qual das 5 categorias se enquadram os resultados. Por exemplo, se as razões de inchamento diferencial forem correspondentes à 4.ª categoria, o elastômero deve ser o EOT.

## Observações:

O nível dos solventes, nos frascos de boca larga, deve sempre estar acima das amostras, mesmo com seu inchamento máximo.

Os resultados obtidos para razões de inchamento diferencial são válidos apenas quanto à ordem de grandeza, pois variam emtre largos limites, conforme o tipo de elastômero e a composição da mistura vulcanizada. A extração preliminar da amostra com acetona, removendo plastificantes e outros componentes da formulação empregada pelo fabricante do artefato, pode evitar o inchamento "negativo", que ocorre diversas vezes. Além disso, a amostra pode conter mais de um tipo de elastômero, o que pode ser suspeitado quando os valores obtidos são conflitantes.

A associação dos resultados de razões de inchamento diferencial (**Quadro 27**) e de ácido-resistência (**Quadro 28**) permite a identificação de cada elastômero, que deve ser confirmada pelos ensaios constantes do Painel correspondente.

## Quadro 27

| Inchamento diferencial de elastômeros vulcanizados | | | |
|---|---|---|---|
| **Elastômero** | **Razão de inchamento** | | **Categoria ID-** |
| | **B/A** | **B/H** | **H/A** | |
| IIR; CIIR; BIIR; EPDM; MQ | $\geq 50$ | $\leq 1$ | $\geq 50$ | −1 |
| NR; IR; CR; BR; SBR; CSM | 2-30 | 1-8 | 0,5-15 | −2 |
| NBR | 0,5 | 10-60 | < 0,1 | −3 |
| EOT | 0,5-5 | 50 | ~ 0 | −4 |
| FPM | ~ 0 | ~ 0 | ~ 0 | −5 |

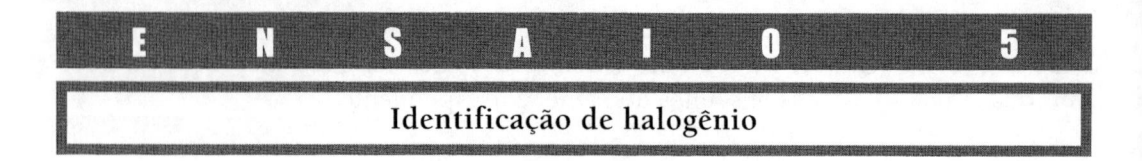

**E N S A I O 5**

## Identificação de halogênio

### (A) Cloro e bromo

Para verificar a presença de cloro, bromo ou iodo no material, preparar uma alça de cobre removendo com uma faca a cobertura de um fio elétrico. Aquecer a alça ao rubro em chama de bico de Bunsen até que a chama se torne permanentemente amarela. Tocar a superfície da amostra, tendo o cuidado de observar que de fato houve contato com o material em exame, e levar novamente a alça à chama. Lampejos azuis e/ou verdes de cloreto, brometo ou iodeto de cobre ($CuCl_2$, $CuBr_2$ ou $CuI_2$) dão resultado positivo para cloro, bromo ou iodo; flúor não dá coloração específica, mantendo a coloração amarela da chama.

### Observações:

Este ensaio é conhecido como **Ensaio de Beilstein**, e é característica geral dos halogenetos, orgânicos e inorgânicos. A coloração da chama, azul ou verde, é devida ao cloreto, brometo ou iodeto de cobre formados, que são voláteis. O fluoreto de cobre não é volátil e não responde a este teste. Polímeros iodados não são industrializados, embora existam comercializadas preparações farmacêuticas aquosas contendo iodo adsorvido em poli(vinil-pirrolidona) (PVP).

### (B) Diferenciação entre cloro e bromo

Para proceder à diferenciação entre cloro e bromo, colocar alguns fragmentos de amostra em tubo de ensaio e adicionar cerca de 5 ml de solução alcoólica a 5% de hidróxido de potássio. Aquecer em chama de bico de Bunsen por cerca de 5 minutos. Resfriar, adicionar 10 ml de água destilada e acidular com solução aquosa a 5% v/v de ácido nítrico (68% $HNO_3$). Se a solução estiver turva, filtrar 1 ml, recebendo em tubo de ensaio, e adicionar 2 gotas de solução aquosa a 5% de nitrato de prata. O aparecimento de precipitado branco indica resultado positivo para polímero clorado, e de precipitado amarelado, para polímero bromado.

### Observações:

O cloreto de prata (AgCl), branco, é solúvel em solução aquosa saturada de carbonato de amônio [$(NH_4)_2CO_3$], em presença de excesso de amônia concentrada (26% NH3). O brometo de prata (AgBr), amarelado, é insolúvel nessa solução. O iodeto de prata é amarelo intenso, bem diferente da cor do brometo de prata.

## (C) Flúor

Para identificar flúor no material, calcinar em cadinho de porcelana, por 40 minutos, 0,5 grama da amostra com 10 gramas de carbonato de potássio ($K_2CO_3$). Resfriar e dissolver o material calcinado em 40 ml de água; filtrar a solução através de papel de filtro pregueado e neutralizar com ácido clorídrico concentrado (35% HCl) até cessar o desprendimento de bolhas de gás carbônico ($CO_2$). Retirar uma alíquota da solução e adicionar reagente de zircônio.

Este reagente é preparado no momento de usar, da seguinte maneira:

Em bécher de 50 ml, dissolver 0,5 g de oxicloreto de zircônio ($ZrOCl_2 \cdot 8H_2O$) em 20 ml de solução aquosa 50% v/v de ácido clorídrico .concentrado (35% HCl). Em outro bécher, preparar 20 ml de solução saturada de alizarina [1,2-(di-hidroxi)-antraquinona] em álcool etílico, acrescentando cristais ao álcool até restar resíduo insolúvel. Adicionar então partes iguais da solução alcoólica de alizarina à solução ácida de óxido de zircônio.

Em presença de excesso de íons fluoreto, intensa coloração amarela na solução indica a presença de flúor na amostra.

### Observações:

Os polímeros fluorados não dão resultado positivo com o **Ensaio de Beilstein** para identificação de halogênios, pois o fluoreto de cobre não é volátil, como os demais halogenetos (cloreto, brometo e iodeto).

O reagente de zircônio/alizarina, de coloração vermelho-violácea, permite a identificação de íons fluoreto pela mudança de coloração para amarelo intenso, devido à formação de íons complexos de hexafluoreto de zircônio e alizarina.

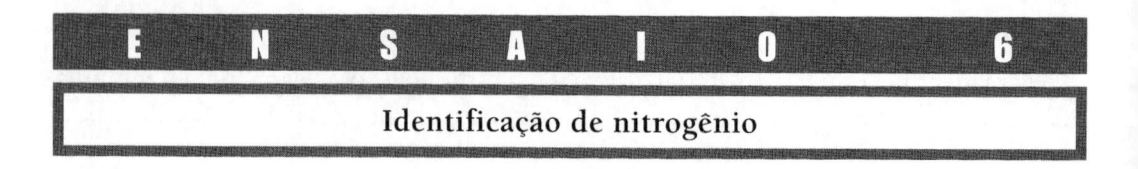

# Identificação de nitrogênio

Para identificar nitrogênio, colocar em tubo de ensaio um fragmento da amostra e cobri-lo com óxido de cálcio (CaO) em pó. Adaptar à boca do tubo uma tira de papel de tornassol rosa, úmida, de modo a interceptar os vapores que forem produzidos pela decomposição da amostra. Em seguida, aquecer vigorosamente o tubo com o auxílio de um bico de Bunsen. O óxido de cálcio retém os vapores ácidos, deixando inalterados os vapores básicos e neutros. A amônia ($NH_3$) é revelada pela mudança para azul da coloração rosa do papel de tornassol, e indica a presença de nitrogênio na amostra.

**Observações:**

A mudança de cor do papel rosa para levemente azulado não é resposta positiva para polímero nitrogenado, pois o nitrogênio pode provir de aditivos da mistura moldável usada no artefato. Quando se trata de polímero nitrogenado, é intensa a formação de vapores básicos, que imediatmaentse tornam fortemente azul o papel de tornassol.

É importante a presença de óxido de cálcio, pois a amostra pode conter grupamentos que, por pirólise, produzam ácidos voláteis, que iriam interferir na formação de amônia.

Todos os compostos aminados ou amídicos, os quais têm átomo de nitrogênio trivalente, formam amônia por aquecimento com óxido de cálcio. Contudo, os compostos nitrados, como o nitrato de celulose, não formam amônia por pirólise e, portanto, não são identificados por esta reação.

É interessante observar que não existem poliaminas como polímeros de interesse industrial. A palavra *poliamina* é normalmente empregada para indicar uma micro-molécula com diversos grupos amina.

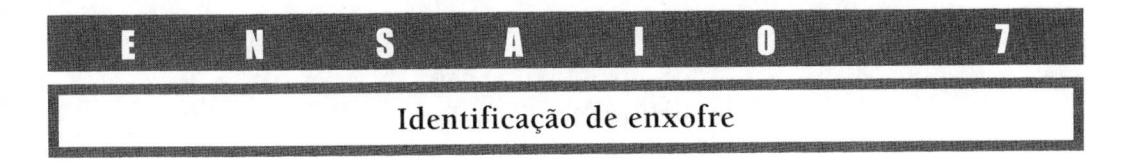

## Identificação de enxofre

### (A) Enxofre combinado

Para verificar a presença de um composto orgânico do enxofre em um material polimérico, o procedimento experimental é o seguinte:

Em tubo de ensaio seco, colocar um fragmento da amostra e adicionar oxalato de cálcio pulverizado. Cobrir a boca do tubo com um disco de papel de filtro, fixando-o com a pinça que segura o tubo, de modo a interceptar a saída de vapores. Umedecer o papel de filtro com uma gota de solução aquosa a 2% de acetato de chumbo $[Pb(OCOCH_3)_2]$ e proceder ao aquecimento vigoroso do tubo, com chama direta de bico de Bunsen. Em presença de material polimérico contendo enxofre, mancha negra de sulfeto de chumbo (PbS) é imediatamente formada.

#### Observações:

Se o aquecimento for brando, pode haver decomposição liberando outros compostos voláteis, invalidando o ensaio. Em alguns casos, a formação de ácido sulfídrico ocorre mesmo sem a adição de oxalato de cálcio (ou ácido sulfúrico).

### (B) Enxofre elementar

Para reconhecer a presença de enxofre elementar (S), não-combinado, em um material polimérico, colocar em tubo de ensaio algumas raspas do material e 2 ml de piridina $(C_5H_5N)$. Alcalinizar fortemente, adicionando gotas de solução aquosa a 10% de hidróxido de sódio (NaOH). Aquecer levememte com bico de Bunsen. Coloração azul intensa na camada de piridina, que desaparece por resfriamento e reaparece por aquecimento, indica a presença de enxofre elementar na amostra.

#### Observações:

Às vezes é necessário identificar o material que aflora à superfície de alguns artefatos de borracha, e que tem aspecto de mofo, à vista desarmada. A observação microscópica revela cristais, que poderão ser de enxofre, indicando excesso de enxofre na composição da mistura vulcanizável. A confirmação de que se trata realmente de enxofre livre, em presença ou ausência de enxofre combinado, pode ser feita pelo procedimento acima descrito.

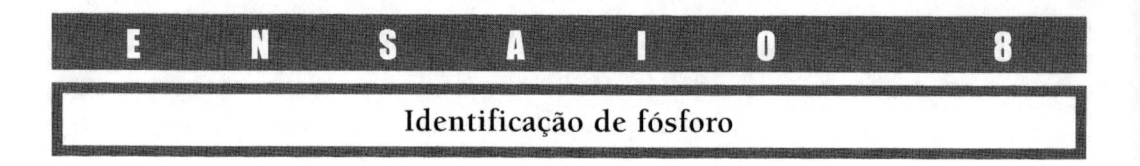

## Identificação de fósforo

A presença de fósforo em materiais é reconhecida pela formação de precipitado amarelo de fosfomolibdato de amônio [$(NH_4)_3PO_4 \bullet 12MoO_3 \bullet 3H_2O$].

Colocar um fragmento da amostra em tubo de ensaio; adicionar 2 ml de ácido nítrico concentrado e 1 gota de ácido sulfúrico concentrado (98% $H_2SO_4$). Ferver por alguns minutos, até a solubilização do material. Diluir com igual volume de água, adicionar algumas gotas do reagente de molibdato de amônio e ferver. A presença de fósforo na amostra é revelada pela formação de cristais amarelos de fosfomolibdato de amônio.

O reagente de molibdato de amônio é preparado misturando partes iguais das soluções A e B, vertendo um filete fino de A sobre B, com agitação, e depois deixando em repouso por 48 horas. Decantar o líquido límpido para frasco de vidro escuro. As soluções foram obtidas da seguinte maneira:

Solução A — Dissolver, a quente, 3 g de molibdato de amônio [$(NH_4)_2MoO_4$] em 10 ml de água;

Solução B — Dissolver, a frio, 1 g de sulfato de amônio [$(NH_4)_2SO_4$] em 10 ml de ácido nítrico concentrado (65% $HNO_3$).

**Observações:**

Precipitado branco de ácido molíbdico ($H_3MoO_4$) é resultado negativa para fósforo.

A presença de fósforo em um polímero pode ser indício de sua origem natural. Entretanto, pode também ser proveniente de um aditivo, como estabilizador ou plastificante. É preciso cuidado na interpretação do resultado da análise. Aditivos podem ser facilmente removidos por extração da amostra com solventes; fósforo decorrente de biogênese não é extractável, pois é parte da molécula.

A detecção de fósforo permite distingüir a borracha natural, *cis*-poliisopreno, do polímero sintético equivalente: o produto natural contém cerca de 400 ppm de fósforo, que não existe no produto sintético.

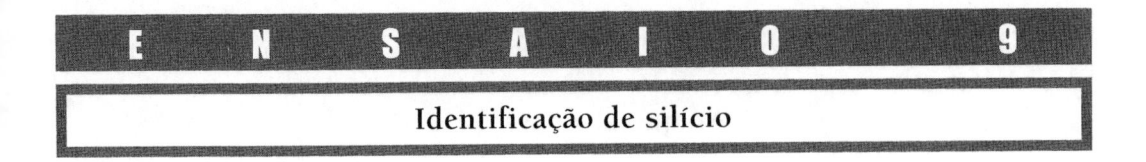

## Identificação de silício

Em tubo de ensaio, colocar um fragmento da amostra e cobrir a boca do tubo com um disco de papel de filtro, preso por uma pinça de madeira, de modo a dificultar a saída de vapores. Aquecer fortemente o material com bico de Bunsen, observando se há intensa evolução de vapores espessos, brancos, que cristalizam na parte superior, fria, do tubo, o que indica a presença de material polissiloxânico na amostra.

### Observações:

Os cristais sublimados são de sílica ($SiO_2$). São facilmente visíveis; crescem das parede para o centro do tubo. Constituem indicação segura da decomposição de polissiloxanos. Não há possibilidade de confusão com o resíduo de sílica na pirólise de ácido silícico, que é empregado como carga em composições de borracha e está sempre presente em artefatos de polissiloxanos, porque o dióxido de silício, formado pela perda de água do ácido silícico, não sublima, permanecendo no fundo do tubo.

As composições de borracha polissiloxânica são geralmente vulcanizadas com peróxidos orgânicos, que não são totalmente consumidos no processo de vulcanização. Assim, os resíduos de peróxido podem ser facilmentes detectados pelos estalidos que ocorrem durante o aquecimento da amostra no tubo, e podem ser confirmados através do **Ensaio 31**.

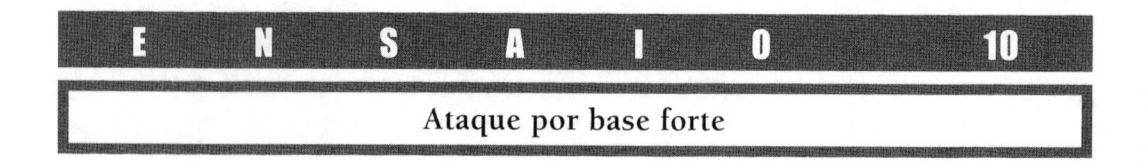

## Ataque por base forte

### (A) Hidróxido de potássio/etanol

Para verificar o ataque à amostra por base forte em condições brandas de temperatura (banho de água fervente), hidrolisar a amostra em meio etanólico, procedendo do seguinte modo:

Em erlenmeyer de 200 ml, colocar 20 ml de etanol, 2 g de hidróxido de potássio (KOH) e um fragmento da amostra com cerca de 1 grama. Adaptar tubo de refluxo e aquecer em banho de água sobre chapa elétrica, por cerca de 1 hora. Verificar se houve alteração do aspecto inicial da amostra, o que pode indicar se realmente ocorreu dissolução e/ou ataque químico. Completar o volume da mistura ao triplo com água, com cuidado, para evitar a formação de espuma.

A solução aquosa alcalina, contendo o eventual sal de potássio, hidrossolúvel, resultante da hidrólise, é extraída com éter etílico $[(C_2H_5)_2O]$ em pequeno funil de decantação, para remoção dos componentes não-carboxilados. O extrato etéreo é filtrado através de pequeno disco de papel de filtro pregueado. A evaporação do éter produz um material comumente semi-sólido, que deve conter aminas ou álcoois, provenientes da hidrólise de amidas ou ésteres, respectivamente. Para reconhecer as aminas aromáticas, proceder conforme descrito no **Ensaio 13 (A)** e **(B)**. As aminas alifáticas e os álcoois não são de fácil reconhecimento através de reações coradas.

A fração aquosa contém os ácidos decorrentes da hidrólise, sob a forma de sais de potássio, solúveis em água. Para reconhecer os ácidos, é preciso acidular o meio com ácido clorídrico concentrado (35% HCl); a ausência de precipitado indica que os ácidos eventualmente presentes são de cadeia curta, portanto voláteis, e devem ser separados por destilação. Isto é feito em pequeno balão de fundo redondo, dotado de braço lateral, inserido em tubo de ensaio imerso em bécher com água gelada, para coletar diretamente algums mililitros do destilado. Aplicar então os **Ensaios 16 (A)**, **(C)** e **(D)**.

A precipitação indicará a presença de ácidos não-voláteis, geralmente dicarboxílicos. Para identificá-los, extrair com éter etílico, filtrar o extrato etéreo através de papel de filtro pregueado e deixar evaporar. O material semi-sólido resultante deve conter os ácidos carboxílicos não-voláteis, provenientes da hidrólise da amostra. Aplicar então os **Ensaios 16 (B)**, **(E)** e **(F)** para a sua identificação; verificar as indicações constantes do Painel correspondente ao polímero suspeitado.

### Observações:

A palavra "hidrólise" está sendo empregada neste texto com seu significado mais geral, abrangendo saponificação, alcoólise e glicólise. Na verdade, a reação descrita é uma alcoólise, mais eficiente, com o objetivo de facilitar a observação do comportamento do material polimérico em identificação.

É importante lembrar que as operações não são quantitativas; não é necessário destilar completamente, nem extrair completamente com éter, nem filtrar completamente o extrato etéreo, etc. Alguns mililitros, ou mesmo gotas do material destilado ou filtrado são suficientes para a identificação dos polímeros, segundo os ensaios descritos neste livro.

Quando se hidrolisa um poliéster ou uma poliamida de origem industrial, o produto resultante é um ácido não-volátil, identificável pelos **Ensaios 16 (B), (E) e (F)**. Se o ácido formado for volátil, como ocorre nos poli(acetato de vinila), poliacrilatos e poli-metacrilatos, o procedimento a ser usado se encontra nos **Ensaios 16 (A), (C) e (D)**.

## (B) Hidróxido de potássio/glicol etilênico

Para verificar a resistência da amostra ao ataque enérgico por base forte, proceder à hidrólise da seguinte maneira:

Em tubo de ensaio, colocar cerca de 1 grama da amostra, reduzida a pequenos fragmentos; adicionar 3 ml de glicol etilênico (1,2-etano-diol) e 0,3 g de hidróxido de potássio (KOH). Aquecer o tubo, imergindo-o em banho de óleo de silicone ou óleo de soja, em recipiente mantido sobre uma chapa elétrica; agitar brandamente durante 10 a 15 minutos. Observar com cuidado se houve alguma alteração visível no aspecto da amostra ou da fase líquida, o que poderá indicar ter havido hidrólise do polímero.

Resfriar à temperatura ambiente e verter sobre 50 ml de água. A precipitação de material, reconstituindo a mistura original, indica que houve solubilização. A permanência da solubilidade em água pode revelar que ocorreu reação química, com a formação de compostos solúveis em meio aquoso alcalino.

A solução aquosa alcalina, contendo o eventual sal de potássio, hidrossolúvel, resultante da hidrólise, é extraída com éter etílico em pequeno funil de decantação, para remoção dos componentes não-carboxilados. O extrato etéreo é filtrado através de pequeno disco de papel de filtro pregueado. A evaporação do éter produz um material em geral semi-sólido, que deve conter as aminas ou álcoois, provenientes da hidrólise de amidas ou ésteres, respectivamente. Para reconhecer as aminas aromáticas, proceder conforme descrito no **Ensaio 13 (A) e (B)**. Os álcoois e as aminas alifáticas não são de fácil reconhecimento através de reações coradas.

O filtrado alcalino é acidulado com ácido clorídrico concentrado (35% HCl); a ausência de precipitado indica que os ácidos eventualmente presentes são de cadeia curta, portanto voláteis, e devem ser separados por destilação. Isto é feito em pequeno balão de fundo redondo dotado de braço lateral, inserido em tubo de ensaio imerso em bécher com água gelada, para coletar diretamente alguns mililitros ou gotas do destilado. Aplicar então os **Ensaios 16 (A), (C) e (D)**. A precipitação indicará a presença de ácidos não-voláteis, geralmente dicarboxílicos. Para identificá-los, extrair com éter etílico, filtrar o extrato etéreo através de papel de filtro pregueado e deixar evaporar. O material geralmente semi-sólido resultante deve conter os ácidos carboxílicos não-voláteis, provenientes da hidrólise da amostra. Aplicar então os **Ensaios 16 (B)**, **(E)** e **(F)** para a sua identificação; verificar as indicações constantes do Painel correspondente ao polímero suspeitado.

## Observações:

A palavra "hidrólise" está sendo empregada neste texto com seu significado mais geral. Na verdade, a reação descrita é uma glicólise, mais enérgica, com o objetivo de facilitar a observação do comportamento do material polimérico em identificação.

O ataque do material polimérico com base forte, isto é, hidróxido de potássio dissolvido em glicol etilênico, em temperatura próxima de 200°C, poderá alterar ou não a amostra. Se houver alteração, esta poderá ser devida a um efeito físico-químico, causando a dissolução do material, havendo precipitação do polímero por diluição do meio reacional. Pode também ter ocorrido uma reação química. Neste último caso, pode também ser gerado um ácido, cujo sal de potássio é solúvel em água, e por acidulação do meio, será obtido sob a forma de ácido livre.

Quando se hidrolisa um poliéster ou uma poliamida de origem industrial, o produto resultante é um ácido não-volátil, identificável pelos **Ensaios 16 (B)**, **(E)** e **(F)**. Se o ácido formado for volátil, como ocorre nos poli(acetato de vinila), poliacrilatos e poli-metacrilatos, o procedimento a ser usado se encontra nos **Ensaios 16 (A)**, **(C)** e **(D)**.

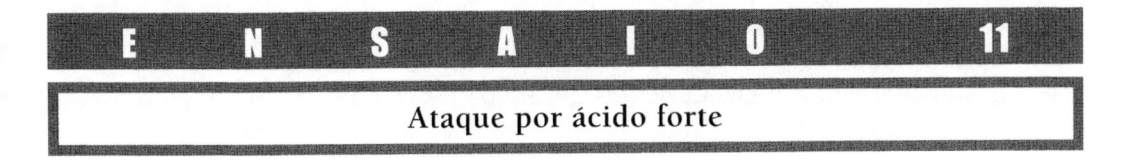

## (A) Ácido sulfúrico

A resistência do polímero ao ataque por ácido forte pode ser avaliada segundo diversos procedimentos, de acordo com a natureza das ligações químicas presentes nas moléculas. Com ácido sulfúrico concentrado, a técnica a ser empregada está descrita abaixo.

Em tubo de ensaio, colocar cerca de 1 grama da amostra, reduzida a pequenos fragmentos; adicionar 3 ml de ácido sulfúrico concentrado (98% $H_2SO_4$). Aquecer o tubo, imergindo-o em banho de água fervente, contida em recipiente sobre uma chapa elétrica, e agitar brandamente durante 2 a 5 minutos. Observar com cuidado se houve alguma alteração visível no aspecto da amostra ou da fase líquida.

Resfriar à temperatura ambiente e verter sobre 20 ml de água. A precipitação de material pode indicar a recuperação do polímero, não atacado pelo ácido, e/ou a presença de ácido orgânico resultante da hidrólise de ésteres ou amidas. Neste caso, a extração com éter etílico [$(C_2H_5)_2O$], filtração do extrato etéreo através de papel de filtro pregueado, e evaporação permitem obter material semi-sólido que deve conter os ácidos carboxílicos não-voláteis. Aplicar então os **Ensaios 16 (B)**, **(E)** e **(F)** para a sua identificação; verificar as indicações constantes do Painel correspondente ao polímero suspeitado.

## Observações:

É preciso atenção durante o aquecimento, para evitar a carbonização do produto. É também oportuno lembrar que não se deve adicionar água a ácido sulfúrico concentrado, pois a reação é violenta; o que se deve fazer é o inverso, isto é, adicionar à água o ácido sulfúrico, sem qualquer perigo. Em vez de ácido sulfúrico, pode-se usar ácido fosfórico concentrado (85% $H_3PO_4$), sem risco de carbonização da amostra.

## (B) Ácido-resistência

O comportamento de elastômeros vulcanizados diante de solventes e ácidos, em condições adequadas, é modo simples e seguro de se proceder à sua identificação. A ação de solventes é avaliada pelas razões de inchamento diferencial é já foi abordada no Ensaio 4 (B). A ação de ácidos, aqui denominada ácido-resistência, é descrita a seguir e permite enquadrar qualquer elastômero industrial vulcanizado em uma das 4 categorias constantes do **Quadro 28**.

Em tubo de ensaio, extrair pequenos fragmentos da amostra por 1 hora com acetona, por simples contato, a frio, e secar em estufa a 50°C, com circulação de ar. Preparar 50 ml de mistura 1:1, em volume, de ácidos sulfúrico (98% $H_2SO_4$) e nítrico (68% $HNO_3$) concentrados, e transferir para 2 bécheres de 50 ml de capacidade. Imergir cada bécher, contendo a mistura ácida, em banhos de água, a 700°C e a 40°C, respectivamente, e aguardar alguns minutos para que a temperatura da misturas ácida atinja a do respectivo banho. Adicionar então a cada bécher, a 70 e 40°C, 1 ou 2 fragmentos da amostra extraída e seca, e medir em cronômetro o tempo necessário para que seja visível o início da desagregação à superfície da amostra, com as partículas depois se dispersando no meio líquido. Consultar o **Quadro 28**, e verificar em que categoria se enquadram os resultados. A confirmação é feita através dos ensaios constantes dos Painéis correspondentes a cada polímero.

**Observações:**

Os resultados obtidos no ensaio de ácido-resistência são válidos apenas quanto à ordem de grandeza, pois há variações em cada elastômero conforme o tipo de produto comercializado e os componentes presentes na mistura. Além disso, a amostra pode conter mais de um tipo de elastômero, o que pode ser suspeitado quando os valores obtidos são conflitantes.

A associação dos valores de razões de inchamento diferencial (**Quadro 27**) e de ácido-resistência (**Quadro 28**) permite a identificação de cada elastômero, confirmada pelos ensaios constantes do Painel correspondente.

## Quadro 28

### Ácido-resistência de elastômeros vulcanizados

| Elastômero | Ácido-resistência | | Categoria AR- |
|---|---|---|---|
| | 40°C | 70°C | |
| IIR; CIIR; BIIR; EPDM; CSM; MQ; FPM | > 15 min | > 15 min | −1 |
| NR; IR; CR | < 3 min | < 1 min | −2 |
| BR; SBR; NBR | 10-30 min | < 1 min | −3 |
| EOT | < 30 s | < 5 s | −4 |

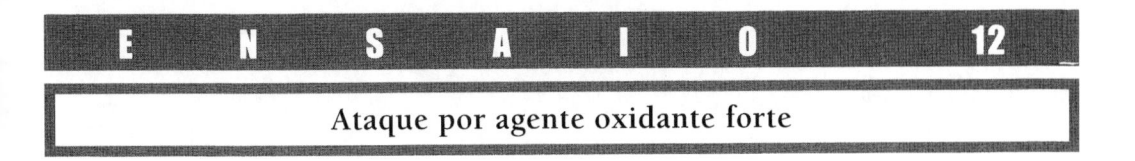

| | | | | | | |
|---|---|---|---|---|---|---|
| E | N | S | A | I | O | 12 |

## Ataque por agente oxidante forte

### (A) Mistura sulfocrômica

Para proceder à oxidação crômica, colocar alguns fragmentos da amostra em balão de destilação de 20 ml de capacidade, com saída lateral. Adicionar 5 ml de solução crômica, obtida dissolvendo 2 g de dicromato de potássio ($K_2Cr_2O_7$) em 10 ml de água e acrescentando 1 ml de ácido sulfúrico concentrado (98% $H_2SO_4$). Vedar a boca do balão com rolha de cortiça e adaptar à saída lateral um tubo de ensaio, imerso em cuba de água gelada, para recolhimento dos vapores condensados. Aquecer o balão em banho de óleo de silicone ou de soja, até obter cerca de 2 ml de destilado. Verificar se houve formação de ácido volátil, de acordo com o procedimento descrito no **Ensaio 16 (A)**, e se o ácido é o acético, através do **Ensaio 16 (C)**, ou o metacrílico, pelo **Ensaio 16 (D)**.

### Observações:

A oxidação forte de uma dupla ligação entre átomos de carbono contendo grupo metila, por exemplo no poliisopreno, provoca a cisão da cadeia e a formação de ácido acético. Como este é um ácido volátil, pode ser separado do meio reacional por destilação.

### (B) Mistura sulfonítrica

Em bécher de 50 ml de capacidade, colocar um fragmento da amostra e acrescentar alguns mililitros de mistura sulfonítrica, preparada juntando volumes iguais de ácido sulfúrico concentrado (98% $H_2SO_4$) e ácido nítrico concentrado (68% $HNO_3$). Imergir o bécher em banho de água fervente, contida em recipiente sobre uma chapa elétrica, e manter o aquecimento por 5-10 minutos. Verter a mistura reacional vagarosamente sobre o triplo do volume de água, com agitação lenta.

A precipitação de material pode indicar a recuperação do polímero não atacado pelo ácido, e/ou a presença de ácido orgânico resultante da hidrólise de ésteres ou amidas; proceder à filtração através de papel de filtro pregueado. Ao resíduo sólido obtido, aplicar os **Ensaios 16 (B)**, **(E)** e **(F)** para a identificação; verificar as indicações constantes do Painel correspondente ao polímero suspeitado.

A solução aquosa ácida resultante da filtração deve ser alcalinizada com solução concentrada de hidróxido de sódio para a obtenção das aminas produzidas na hidrólise. Extrair com éter etílico [$(C_2H_5)_2O$], filtrar o extrato etéreo através de papel de filtro pregueado e evaporar o filtrado; o material semi-sólido resultante deve conter as aminas não-voláteis que tenham resistido à oxidação. Aplicar então os **Ensaios 13 (A) e (B)** para a sua identificação. Verificar as indicações constantes do Painel correspondente ao polímero esperado.

## Observações:

A mistura sulfonítrica é reagente enérgico e pode atuar de diversas maneiras; como neio ácido forte, como agente de oxidação e como agente de nitração. Essas reações dependem da temperatura e do tempo decorrido; devem ser avaliadas com atenção.

### (C) Dióxido de manganês/ácido sulfúrico

Para proceder ä oxidação, colocar cerca de 1 g da amostra em tubo de ensaio, adicionar 1 ml de ácido sulfúrico concentrado (98% $H_2SO_4$) e 2 g de dióxido de manganês ($MnO_2$) pulverizado. Cobrir a boca do tubo com um disco de papel de filtro, preso com a pinça de madeira que segura o tubo, e umedecer o papel com 1 gota de solução aquosa a 2% de hidroquinona [$C_6H_4(OH)_2$]. Ferver a mistura reacional por 5 minutos. Mancha esverdeada no papel de filtro, mais nítida na face interna do disco, é resultado positivo para quinona.

## Observações:

Polímeros contendo na cadeia segmentos provenientes de *p*-difenóis podem ser identificados através desta reação. A quinona é amarela e sublimável, sendo retida pelo papel de filtro à boca do tubo de ensaio. Reage com a hidroquinona, formando um complexo equimolecular: a quinidrona, de coloração verde escura.

# E N S A I O                13

## Identificação de base orgânica

### (A) Amina primária aromática

Em cadinho de porcelana ou placa de toque, colocar os resíduos da evaporação de extrato etéreo, obtido conforme descrito nos **Ensaios 10 (A) e (B), e Ensaio 12 (B)**, e adicionar 1 gota de solução saturada de aldeído $p$-(dimetil-amino)-benzóico em ácido acético. Intensa coloração alaranjada é resultado positivo para amina primária aromática.

### Observações:

Esta reação é específica para aminas primárias aromáticas, que formam bases de Schiff intensamente coloridas em tonalidades vermelho-alaranjdadas que variam conforme a estrutura química da amina. As aminas secundárias e terciárias não dispõem de átomos de hidrogênio para reação com a carbonila aldeídica, e assim não participam da reação. As aminas primárias alifáticas, que não apresentam conjugação, não formam produtos coloridos.

### (B) Amina primária, secundária ou terciária aromática

A identificação de uma amina aromática pode ser conseguida segundo o procedimento abaixo descrito.

Em cadinho de porcelana ou placa de toque, colocar 2 gotas de solução 0,5% de ácido sulfanílico (ácido p-amino-benzeno-sulfônico) em solução aquosa a 2% de ácido clorídrico (35% HCl); adicionar 2 gotas de solução aquosa a 0,5% de nitrito de sódio ($NaNO_2$). Sobre esta mistura, que contém o ácido diazobenzeno-sulfônico, incolor, colocar a amostra em que se deseja pesquisar a presença de amina aromática. Em seguida, acrescentar os resíduos da evaporação de extrato etéreo, conforme descrito nos **Ensaios 10 (A) e (B), e Ensaio 12 (B)**, e alcalinizar com gotas de solução a 10% de carbonato de sódio ($Na_2CO_3$). A imediata formação de intensa coloração, que varia de amarela a vermelha conforme a estrutura química do produto, é teste positivo para amina aromática em geral, primária, secundária ou terciária.

### Observações:

Antes de aplicar a reação, é necessário decompor o polímero; o que geralmente é feito através de pirólise e hidrólise. No caso da pirólise, realizada segundo o procedimento descrito no **Ensaio 3 (A)**, proceder à identificação dos resíduos condensados ou cristalizados à boca do tubo de ensaio, removidos com uma pequena tira de papel de filtro. Quando se tratar de hidrólise, empregar o resíduo do extrato etéreo, proveniente do ataque em meio básico, de acordo com as indicações dos **Ensaios 10 (A)** e **(B)**.

O sal de diazônio do ácido sulfanílico dá intensa coloração com aminas aromáticas, primárias, secundárias ou terciárias, e fenóis. A cor varia em tonalidades de alaranjado a vermelho; é devida à formação de corantes azóicos, respectivamente aminoazóicos e hidroxiazóicos, desde que existam livres as posições orto- ou para- do anel aromático. O sal de diazônio precisa ser preparado no momento de usar, diretamente no cadinho de porcelana ou placa de toque. Esta reação é muito sensível.

Aminas são facilmente separadas de fenóis pela solubilidade em água. Em meio ácido, as aminas se dissolvem formando o sal da amina, e os fenóis se mantêm insolúveis. Ao contrário, em meio alcalino, os fenóis se dissolvem, formando fenóxidos, e as aminas permanecem insolúveis. Da fase aquosa, tanto aminas (em meio básico) quanto fenóis (em meio ácido), na forma livre, podem ser extraídos com éter etílico [$(C_2H_5)O$]. A evaporação ao ar do solvente permite a obtenção de cada composto, para sua identificação subseqüente.

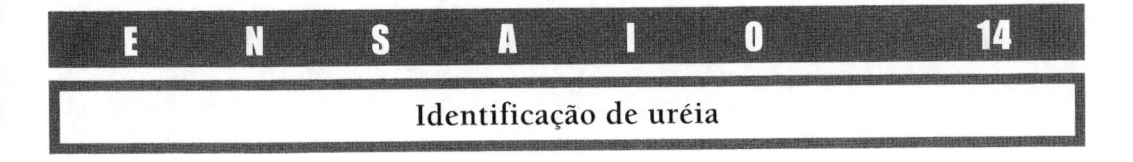

## Identificação de uréia

Colocar um fragmento da amostra em tubo de ensaio, adicionar algumas gotas de fenil-hidrazina [$(C_6H_5)NHNH_2$] e colocar o tubo em banho de óleo de silicone ou de soja a 195°C por 5 minutos. Em seguida, resfriar o tubo e adicionar 5 gotas de solução aquosa de amônia (28% $NH_3$) e 5 gotas de solução aquosa a 10% de sulfato de níquel ($NiSO_4$). Agitar a mistura e acrescentar 10 gotas de clorofórmio ($CHCl_3$). Uma coloração vermelho-violácea indica a presença de uréia [$CO(NH_2)_2$].

**Observações:**

Forma-se a difenil-carbazida [$(C_6H_5NHNH)_2CO$] que, com o sal de níquel, produz um complexo colorido, solúvel em clorofórmio.

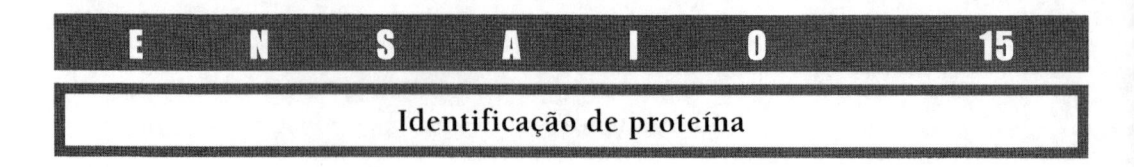

E N S A I O        15

## Identificação de proteína

### (A) Proteína em geral

Para caracterizar um produto como proteína, pode ser empregado o seguinte procedimento:

Em cadinho de porcelana ou placa de toque, colocar um fragmento do material e adicionar alguns mililitros de ácido nítrico concentrado (68% $HNO_3$). Imediato aparecimento de intensa coloração amarela, que passa a alaranjada pela adição de gotas de solução aquosa concentrada de hidróxido de sódio (10% NaOH), até reação alcalina, é resultado positivo para proteína.

### Observações:

As proteínas são tradicionalmente reconhecidas pela reação acima descrita, conhecida como **Reação Xantoproteica**, que decorre da presença obrigatória de unidades de hidroxiácidos aromáticos nas cadeias peptídicas presentes nas moléculas proteicas. Esta reação é devida à acentuada reatividade à nitração dos átomos de hidrogênio em posições *orto-* e *para-*, dando nitroderivados de intensa coloração amarela que, em meio alcalino, passam a estruturas nitrônicas, fortemente alaranjadas. A reação ocorre a frio.

Polímeros que possuem em suas estruturas segmentos hidroxiaromáticos, como as poliamidas aromáticas, também dão resultado positivo neste ensaio.

### (B) Couro

O reconhecimento de couro em uma amostra de material proteico pode ser feito através do procedimento abaixo.

Em cadinho de porcelana, colocar um fragmento da amostra e calcinar, conforme descrito no **Ensaio 3 (C)**. A coloração verde do resíduo é resultado positivo para cromo, e portanto, couro.

### Observações:

O couro é obtido da pele de animais, das quais é removida a camada externa (epiderme), que contém os pêlos, restando o cório (derme), que consiste basicamente de uma proteína, o colágeno, em forma fibrilar. O colágeno é submetido ao curtimento, usualmente com sais de cromo e outros produtos químicos, a fim de torná-lo imputrescível, resultando o material conhecido como couro.

O resíduo da calcinação é o óxido de cromo ($Cr_2O_3$), verde. Assim, a presença de cromo em um produto proteico industrial é indicação de tratar-se de couro.

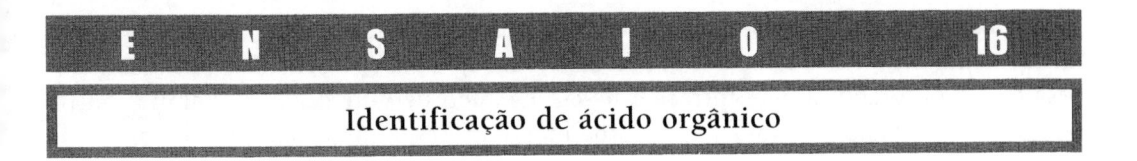

## Identificação de ácido orgânico

### (A) Ácido carboxílico volátil em geral

A formação de ácido carboxílico volátil pode resultar da decomposição de um polímero por pirólise, **Ensaio 3 (A)**, ou por hidrólise seguida de destilação, conforme procedimentos descritos nos **Ensaios 10 (A)** e **(B)**, ou **Ensaio 11 (A)**, ou **Ensaios 12 (A)** e **(B)**. É verificada pela mudança da coloração azul de uma tira de papel de tornassol para forte coloração rosa.

Caso positivo, fazer a identificação do ácido segundo os procedimentos descritos nos **Ensaios 16 (C)** e **(D)**.

### Observações:

Os ácidos orgânicos são em geral ácidos fracos, e para o seu reconhecimento visual através de reações coradas é necessário que se empreguem corantes com faixa de viragem em pH adequado. Os ácidos de cadeia de carbono menor, como o ácido acético e o metacrílico, têm caráter ácido mais forte e são reconhecidos pela viragem do papel de tornassol, de azul para rosa, em pH 7. Os de cadeia mais longa, como os ácidos esteárico, oléico e láurico, são ácidos fracos, e são revelados com indicador de vermelho-do-congo, que vira de vermelho para azul, em meio ácido, em pH 4.

### (B) Ácido carboxílico fixo em geral

Ácidos carboxílicos fixos, resultantes da pirólise, **Ensaio 3 (A)**, ou da hidrólise de um polímero, conforme procedimentos descritos nos **Ensaios 10 (A)** e **(B)**, ou **Ensaio 11 (A)**, ou **Ensaios 12 (A)** e **(B)**, podem ser reconhecidos conforme o procedimento abaixo.

Em tubo de ensaio, colocar 2 ml de solução aquosa da amostra e adicionar 1-2 gotas de solução aquosa diluída de acetato de chumbo [1% $(CH_3COO)_2Pb$] contendo 2 gotas de ácido acético $(CH_3COOH)$. Imediata precipitação de flocos brancos, densos, é resultado positivo para a presença de moléculas pesadas, contendo grupos ácidos que permitiram a formação de sal de chumbo.

### Observações:

A solução de acetato de chumbo deve estar límpida; caso esteja turva ou com precipitado, adicionar 1-2 gotas de ácido acético $(CH_3COOH)$, para tornar o meio ácido, transformando o sal básico, insolúvel em água, à condição de sal neutro, solúvel.

Quando a molécula é pesada e contém grupos carboxila, sulfato, fosfato ou outra função ácida, há formação de um sal, insolúvel em água, em presença de íons metálicos pesados como o chumbo. A filtração do sal metálico permite separar qualquer outro polímero hidrossolúvel não-ácido eventualmente presente no filtrado. Observar que o meio aquoso esteja levemente ácido para que a precipitação do sal ocorra corretamente; se a mistura reacional estiver básica, precipitará o sal básico ou o óxido metálico, invalidando o ensaio.

Quando os ácidos orgânicos são voláteis, de cadeia curta, também ocorre a formação de sal de chumbo, porém não se formam flocos densos; nota-se apenas a turvação do meio reacional.

### (C) Ácido acético

Para identificar ácido acético ($CH_3COOH$), proveniente de um polímero, como produto de pirólise, **Ensaio 3 (A)**, ou de hidrólise, **Ensaios 10 (A)** e **(B)**, ou **Ensaio 11 (A)**, ou de degradação oxidativa, **Ensaios 12 (A)** e **(B)**, proceder conforme descrito abaixo.

Em cadinho de porcelana ou placa de toque, colocar algumas gotas da amostra; acrescentar 1 gota de solução aquosa a 5% de nitrato de lantânio [$La(NO_3)_3$] e algumas gotas de solução aquosa a 0,5% de iodo (I2), observando que a mistura permaneça com coloração amarela. Adicionar pelas paredes do cadinho 2 gotas de solução concentrada de amônia (28% $NH_4OH$). O desenvolvimento de coloração intensa azul-acastanhada, provavelmente devida à adsorção do iodo sobre o precipitado de acetato básico de lantânio formado, indica a presença de ácido acético.

### Observações:

A solução aquosa de iodo é preparada colocando em um pequeno bécher um cristal de iodeto de potássio, 2 gotas de água e um cristal de iodo, nesta ordem. Diluir com água a solução castanho-escura até se tornar amarela.

É importante observar se a mistura no cadinho adquiriu coloração amarela persistente. Quando isto não acontece, devido ao consumo de iodo por algum material volátil que eventualmente acompanhe o ácido acético na destilação, a coloração azul não aparece.

Esta reação não é exclusiva do ácido acético; outros compostos, como ácido pro-piônico, também dão resposta positiva ao ensaio.

## (D) Ácido metacrílico

Para identificar ácido metacrílico $[(CH_2=C(CH_3)(COOCH_3)]$, proveniente de um polímero, como produto de pirólise, **Ensaio 3 (A)**, ou de hidrólise, **Ensaios 10 (A)** e **(B)**, ou **Ensaio 11 (A)**, proceder conforme descrito abaixo.

Em tubo de ensaio, colocar cerca de 1 ml da amostra e adicionar 2 ml de ácido nítrico concentrado. Aquecer levemente, com suave agitação por alguns minutos sobre pequena chama. Observar se ocorre o aparecimento de coloração amarelada, precursora da coloração azul final. Resfriar o tubo com água fria e adicionar igual volume de água. Acrescentar aos poucos zinco em pó. O aparecimento de cor azul ou esverdeada é resultado positivo para polímero metacrílico. A adição de algumas gotas de clorofórmio permite a melhor visualização pela imediata separação do produto azul, que se deposita na camada clorofórmica, no fundo do tubo.

### Observações:

O produto azul formado, que é um nitro-nitroso derivado, passa da fase aquosa para o solvente; o produto amarelo, precursor da reação, é insolúvel em clorofórmio e permanece na fase aquosa. Esta é a única reação corada para polímeros metacrílicos, referida na literatura, que permite distingui-los de polímeros acrílicos.

Se o teor de monômero metacrílico é pequeno, a coloração azul é muito fraca e pode não ser bem detectada.

## (E) Ácido adípico

Para identificar ácido adípico $[(CH_2)_4(COOH)_2]$, proveniente de um polímero, como produto de hidrólise, **Ensaios 10 (A)** e **(B)**, ou **Ensaio 11 (A)**, proceder conforme descrito abaixo.

Em tubo de ensaio, colocar alguns fragmentos de amostra e alguns cristais de resorcinol $[C_6H_4(OH)_2]$, e aquecer brandamente para fusão da mistura. Adicionar 2 gotas de ácido sulfúrico concentrado (98% $H_2SO_4$) à mistura ainda quente. Resfriar o tubo, adicionar água até cerca de 10 ml e em seguida, solução aquosa a 30% de hidróxido de sódio (NaOH). Coloração vermelha no meio alcalino, que passa a amarela em meio ácido, é resultado positivo para ácido adípico.

### Observações:

O ácido sebácico $[(CH_2)_8(COOH)_2]$ também responde positivamente a esta reação.

## (F) Anidrido ftálico

Para identificar anidrido ftálico [$(C_4H_4)(CO_2O)$], proveniente de um polímero, proceder conforme descrito abaixo.

Em tubo de ensaio, colocar um fragmento da amostra, 2 g de fenol ($C_6H_5OH$) e 5 gotas de ácido sulfúrico concentrado (98% $H_2SO_4$). Aquecer a fogo direto, usando pequena chama de bico de Bunsen, até o aparecimento de coloração castanha escura. Resfriar, diluir com água até 50 ml e alcalinizar com solução aquosa a 30% de hidróxido de sódio (NaOH). O surgimento de coloração vermelha, característica de fenolftaleína, indica a presença de anidrido ftálico.

## Observações:

O ácido ftálico não é usualmente empregado, pois o processso de fabricação industrial leva direto ao anidrido, que atua semelhantemente ao ácido, porém é mais reativo.

A substituição de fenol por timol [$(CH_3CHCH_3)(CH_3)(C_6H_3)(OH_2)$] resulta na formação de timolftaleína, de coloração intensamente azul em meio alcalino. É uma reação muito útil porque o aquecimento com ácido sulfúrico pode causar carbonização e o meio reacional se torna escuro, o que pode dificultar a observação da cor no ensaio acima, empregando fenol como reagente. A reação com timol dá coloração azul tão intensa que, mesmo diluindo com água 10 vezes, é nítida a cor azul.

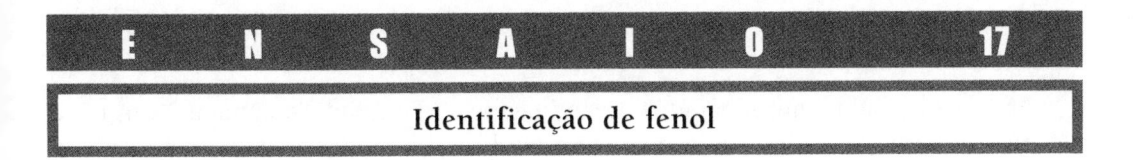

**E   N   S   A   I   O          17**

## Identificação de fenol

### (A) Fenol volátil

Para identificar fenol ($C_6H_5OH$), proveniente de um polímero como produto de pirólise, **Ensaio 3 (A)**, proceder conforme descrito abaixo.

Em cadinho de porcelana ou placa de toque, colocar uma pequena quantidade de amostra e acrescentar 5 ml de água e 3 gotas de solução aquosa a 2% de cloreto férrico ($FeCl_3$). Intensa coloração violácea indica a presença de fenol.

### Observações:

Esta reação é muito geral, simples e útil para a identificação de fenóis sem substituintes nas posições *orto-* e *para-*. A tonalidade da cor violácea depende da estrutura química do fenol empregado.

### (B) Fenol sem substituinte em posição *o-* ou *p-*

Para identificar fenol ($C_6H^5OH$), proveniente de um polímero como produto de pirólise, **Ensaio 3 (A)**, proceder conforme descrito abaixo.

Em cadinho de porcelana ou placa de toque, colocar 2 gotas de solução 0,5% de ácido sulfanílico $[(NH_2)(C_6H_4)(SO_3H)]$ em solução aquosa 2% de ácido clorídrico (concentrado, 35% HCl); adicionar 2 gotas de solução aquosa a 0,5% de nitrito de sódio ($NaNO_2$). Sobre esta mistura, incolor, que contém o ácido diazo-benzeno-sulfônico, colocar com leve agitação 2 gotas da amostra em que se deseja pesquisar a presença de fenol. Em seguida, acrescentar 2 gotas de solução aquosa a 10% de carbonato de sódio ($Na_2CO_3$). A imediata formação de intensa coloração, que varia de amarelo a vermelho, conforme a estrutura química do fenol, é teste positivo para fenol sem substituinte em posição *orto-* e *para-*.

### Observações:

Esta reação de diazotação é conhecida há muito tempo e denominada Reação de Ehrlich; dá intensa coloração com fenóis e aminas aromáticas, primárias, secundárias ou terciárias. A cor é devida à formação de corantes azóicos, respectivamente hidroxiazóicos e aminoazóicos, desde que existam livres as posições *orto-* ou *para-*. O sal de diazônio do ácido sulfanílico precisa ser preparado no momento de usar, diretamente no cadinho de porcelana ou placa de toque.

Esta reação é muito sensível e tem sido utilizada em análises clínicas para identificar fenóis e derivados fenólicos.

Fenóis são facilmente separados de aminas pela  solubilidade em água. Em meio alcalino, os fenóis se dissolvem formando fenóxidos, e as aminas se mantêm insolúveis. Ao contrário, em meio ácido, as aminas se dissolvem formando o sal e os fenóis permanecem insolúveis. Da solução aquosa, tanto fenóis quanto aminas na forma livre podem ser extraídos com éter etílico [$(C_2H_5)_2O$] e a evaporação ao ar do solvente permite a obtenção de cada composto, para sua identificação subseqüente.

## E N S A I O 18

## Identificação de aldeído fórmico

Para identificar aldeído fórmico (HCHO) proveniente de um polímero, proceder conforme descrito abaixo.

Colocar alguns fragmentos da amostra em cadinho de porcelana e acrescentar 2 ml de solução aquosa a 72% de ácido sulfúrico (concentrado, 98% $H_2SO_4$) e alguns cristais de ácido cromotrópico. Aquecer o conjunto em chapa elétrica a 70°C por alguns minutos. O aparecimento de intensa coloração violeta é resultado positivo para a presença de aldeído fórmico.

**Observações:**

O ácido cromotrópico é o ácido 4,5-di-hidroxi-2,7-naftaleno-dissulfônico.

Esta reação é muito útil na identificação de aldeído fórmico; entretanto, o aldeído butírico também responde positivamente, porém com coloração vermelha.

# E N S A I O 19

## Identificação de éster alifático

Para identificar éster alifático proveniente de um polímero, proceder conforme descrito abaixo.

Em cadinho de porcelana, colocar algumas gotas de solução da amostra em tetra-hidrofurano, 5 gotas de solução alcoólica saturada de cloridrato de hidroxilamina ($NH_2OH \cdot HCl$) e 5 gotas de solução alcoólica a 20% de hidróxido de potássio (KOH). Aquecer o cadinho sobre chapa elétrica até a reação se iniciar, o que é indicado por ligeiro borbulhamento. Resfriar, acidular com solução aquosa a 5% de ácido clorídrico (concentrado, 35% HCl) e adicionar uma gota de solução aquosa a 1% de cloreto férrico ($FeCl_3$). O aparecimento de intensa coloração vermelho-violácea indica resultado positivo para éster carboxílico alifático.

**Observações:**

A coloração vermelha-violácea se deve à formação de hidroxamato férrico.

Os polímeros com grupamentos acetato, acrilato ou metacrilato dão resposta positiva a esta reação, que também é muito útil para distinguir os poliuretanos obtidos a partir de polióis do tipo poliéster, dos poliuretanos derivados de polióis do tipo poliéter.

Os ésteres de ácidos carboxílicos aromáticos não respondem a esta reação.

## E  N  S  A  I  O                    20

## Identificação de sulfona

Num tubo de ensaio, colocar um fragmento da amostra; vedar a saída do tubo com papel de filtro umedecido com gotas de solução contendo alguns cristais de dicromato de potássio ($K_2Cr_2O_7$) dissolvidos em mistura 1:1 de ácido sulfúrico concentrado (98% $H_2SO_4$) e água. Aquecer o conjunto a fogo direto, usando pequena chama de bico de Bunsen. A imediata mudança de coloração, de amarelo para verde, é resultado positivo para grupamento sulfona.

### Observações:

No dicromato de potássio, que é amarelo-alaranjado, o cromo se apresenta hexavalente, enquanto que na forma reduzida de sal crômico, verde, o cromo está trivalente.

## E N S A I O 21

## Identificação de polissacarídeo

### (A) Com acetato de anilina

Para detectar a presença de composto polissacarídico em um material, podem ser usados diversos métodos. Um dos mais simples e confiáveis é descrito a seguir.

Em tubo de ensaio, colocar um fragmento da amostra e algumas gotas de ácido fosfórico (85% $H_3PO_4$), e adaptar à boca do tubo um disco de papel de filtro, preso com pinça de madeira de modo a dificultar a saída de vapores. Umedecer o papel de filtro com l gota de reagente de acetato de anilina. Aquecer o tubo em chama de bico de Bunsen. O aparecimento de mancha com intensa coloração vermelha no disco de papel indica a presença de polissacarídeo na amostra.

O reagente de acetato de anilina é preparado no momento de usar, dissolvendo cerca de 1 ml de anilina ($C_6H_5NH_2$) em 1 ml de ácido acético ($CH_3COOH$), e adicionando o triplo do volume de água destilada.

### Observações:

A decomposição térmica dos polissacarídeos produz aldeído, hidroxi-metil furfural ou furfural, conforme se trate de material piranosídico ou furanosídico, respectivamente. A reação de aldeído aromático com amina primária aromática produz uma base de Schiff intensamente colorida, que caracteriza a presença de polissacarídeos. A presença de ácido fosfórico permite que a reação de decomposição também ocorra com os ésteres e éteres derivados dos polissacarídeos. Esta reação é muito útil pela facilidade e rapidez de execução.

No caso de nitrato de celulose, a coloração observada é amarela intensa, devido à formação de produtos nitrados.

### (B) Com benzeno e etanol

Um método alternativo para detectar estruturas polissacarídicas é o seguinte:

Em tubo de ensaio, colocar fragmentos do material e 2 ml de benzeno ($C_6H_6$). Adicionar 4 ml de mistura 8:1 em volume de ácido sulfúrico concentrado (98% $H_2SO_4$) e água, preparada com cuidado, vertendo o ácido sobre a água. Aquecer em banho de água fervente, sobre chapa elétrica. Resfriar o tubo e, pelas bordas, acrescentar cuidadosamente algumas gotas de etanol. O aparecimento de anel de coloração verde-azulada intensa na interface indica a presença de polissacarídeo.

Observações:

Antes de adicionar o etanol, deve-se verificar se houve a formação de produto amarelo na camada superior, benzênica. Este é um precursor do produto verde-azulado. A coloração é realmente azul, porém torna-se verde pela cor amarela da camada benzênica. A coloração azul desaparece por agitação da mistura.

Esta reação corada é típica de polissacarídeos. É interessante registrar que, dentre os inúmeros polissacarídeos, naturais ou quimicamente modificados, que foram examinados, apenas a etil-celulose (termoplástico) deu coloração intensa diferente, vermelho-sangue. A coloração pode ser causada pela formação de espécies catiônicas que somente existem em meio fortemente ácido, desaparecendo com a diluição.

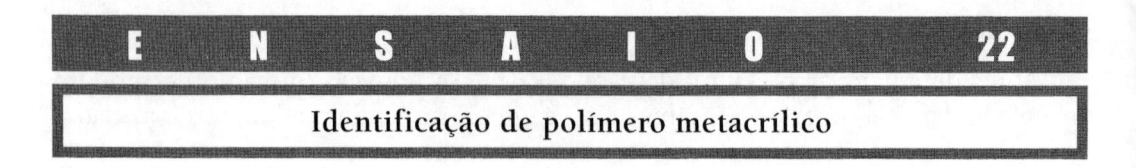

## E N S A I O                    22

## Identificação de polímero metacrílico

Em tubo de ensaio, colocar um fragmento da amostra e adaptar à boca do tubo um disco de papel de filtro, preso com pinça de madeira de modo a dificultar a saída de vapores. Aquecer cuidadosamente em chama de bico de Bunsen até ocorrer a despolimerização da amostra, com a formação de gotículas incolores que se condensam na boca do tubo. Resfriar o tubo até atingir a temperatura ambiente e adicionar cerca de 2 ml de ácido nítrico concentrado (65% $HNO_3$). Aquecer levemente, com suave agitação por alguns minutos, sobre pequena chama. Observar se ocorre o aparecimento de coloração amarelada. Resfriar o tubo com água fria e adicionar igual volume de água. Acrescentar aos poucos zinco em pó. O aparecimento de coloração azul ou esverdeada é resultado positivo para polímero metacrílico. A adição de algumas gotas de clorofórmio ($CHCl_3$) permite extrair o produto azul, que se torna mais visível na camada inferior, clorofórmica.

### Observações:

O produto azul formado é um nitro-nitroso derivado; o produto amarelo é insolúvel em clorofórmio e permanece na fase aquosa. Esta é a única reação corada para polímeros metacrílicos, referida na literatura, que permite distingui-los de polímeros acrílicos.

Se o teor de monômero metacrílico é pequeno, a coloração azul é muito fraca e pode não ser bem detectada.

## E N S A I O                                    23

## Identificação de polímero oximetilênico

Colocar alguns fragmentos da amostra em cadinho de porcelana e acrescentar 2 ml de solução aquosa a 72% de ácido sulfúrico (concentrado 98% $H_2SO_4$) e alguns cristais de ácido cromotrópico. Aquecer o conjunto em banho de água a 70°C por 10 minutos. O aparecimento de intensa coloração violeta é resultado positivo para a presença de aldeído fórmico, proveniente da decomposição do polímero oximetilênico.

**Observações:**

O ácido cromotrópico é o ácido 4,5-di-hidroxi-2,7-naftaleno-dissulfônico.

Esta reação é muito útil na identificação de aldeído fórmico como resultado da decomposição de quaisquer substâncias; entretanto, o aldeído butírico também responde positivamente, porém com coloração vermelha.

# E N S A I O 24

## Identificação de polímero estirênico

### (A) Sem cal

A identificação de anel aromático, alquilado ou arilado, é realizada colocando em tubo de ensaio um fragmento da amostra e adaptando, à boca do tubo, um disco de papel de filtro, preso com pinça de madeira, de modo a dificultar a saída de vapores. Aquecer progressivamente com bico de Bunsen até condensação dos produtos de pirólise à boca do tubo; deixar resfriar à temperatura ambiente. Adicionar pelas paredes do tubo 1-2 gotas de ácido sulfúrico concentrado ($H_2SO_4$), e imprimir lento movimento de rotação ao tubo, de modo a formar uma espiral com a gota descendente. A formação imediata de intensa coloração alaranjada é resultado positivo para anel aromático alquilado ou arilado, desde que a cadeia de carbono ligada ao anel tenha pelo menos 2 átomos de carbono.

### Observações:

O composto de cor amarela intensa (cor de gema de ovo) é formado com o monômero estireno, com o máximo do pico de absorção a 440 nm. Com outros produtos aromáticos de conjugação mais extensa, a cor vai se aprofundando; no caso do indeno, chega ao vermelho-sangue, com máximo de absorção a 490 nm.

Quando se faz a pirólise dos polímeros contendo estireno, a coloração inicial é amarela, mas vai passssando a alaranjada à medida que a gota de ácido sulfúrico concentrado vai descendo pelas paredes do tubo, e encontra produtos de pirólise mais condensados, que dão cor vermelha. Assim, a observação visual registra a espiral como alaranjada. O produto colorido somente existe em meio fortemente ácido; é estável por vários dias à temperatura ambiente (25-30°C), em meio de ácido sulfúrico concentrado. A coloração desaparece instantaneamente pela adição de água, parecendo tratar-se de uma espécie catiônica.

É interessante ressaltar que anéis aromáticos isolados, sem substituintes alquilados ou arilados, como ocorre nas cadeias de PPO e PPS, não respondem a esta reação; a espiral formada é incolor. Isto pode ser explicado pela necessidade de mais de um átomo de carbono ligados ao anel aromático para possibilitar o aumento de conjugação; isto causaria um efeito batocrômico, deslocando a absorção para maiores comprimentos de onda na região visível do espectro eletromagnético, surgindo a cor.

## (B) Com cal

Quando o polímero estirênico contém unidades provenientes de butadieno, como no caso do elastômero SBR, a identificação do anel aromático, alquilado ou arilado, é prejudicada; em vez de coloração alaranjada, nota-se a formação de mancha acastanhada no papel de filtro, à boca do tubo de ensaio. Deve-se então repetir o ensaio, tendo o cuidado de recobrir o fragmento de amostra, no fundo do tubo, com óxido de cálcio (CaO, cal) em pó, antes de proceder ao aquecimento do tubo, tendo à boca um disco de papel de filtro, preso com pinça de madeira, de modo a dificultar a saída de vapores. Aquecer progressivamente com bico de Bunsen até condensação dos produtos de pirólise à boca do tubo; deixar resfriar à temperatura ambiente. Adicionar pelas paredes do tubo 1-2 gotas de ácido sulfúrico concentrado (98% $H_2SO_4$), imprimindo lento movimento de rotação ao tubo, de modo a formar uma espiral com a gota descendente. A formação imediata de intensa coloração alaranjada é resultado positivo para anel aromático, alquilado ou arilado, desde que a cadeia ligada ao anel tenha pelo menos 2 átomos de carbono.

## Observações:

A necessidade de interceptação dos vapores de pirólise com o óxido de cálcio indica a presença de butadieno como co-monômero do estireno na amostra analisada.

## E  N  S  A  I  O                           25

## Identificação de polímero nitrílico

Em tubo de ensaio, colocar alguns fragmentos da amostra, obstruindo a saída de vapores à boca do tubo com disco de papel de filtro, impregnado com gotas do reagente de acetato cúprico/benzidina. Fixar o paoel de filtro com a pinça de madeira que segura o tubo. Aquecer fortemente à chama direta. Mancha de intensa coloração azul revela a presença de ácido cianídrico, formado na pirólise do material.

O reagente de acetato cúprico/bernzidina é preparado misturando, no momento de usar, volumes iguais das soluções **A** e **B**. A solução **A** contém 0,4% de acetato cúprico $[Cu(CH_3COO)_2]$ em metanol $(CH_3OH)$. A solução **B** contém 0,2% de dicloridrato de benzidina $\{[(NH_2)_2(C_6H_4)_2] \bullet 2HCl\}$ em mistura 1:1 de metanol e água, à qual se adiciona 1 ml de solução aquosa 0,1% de hidroquinona $[(OH)_2(C_6H_4)]$.

**Observações:**

Não deve haver agente oxidante na amostra, pois haverá interferência no ensaio. Assim, deve-se verificar preliminarmente esta condição, aplicando à amostra o procedimento descrito no **Ensaio 30**.

## E N S A I O                    26

### Identificação de poli(cloreto de vinilideno)

Em tubo de ensaio, colocar alguns fragmentos da amostra e adicionar algumas gotas de morfolina. Deixar a amostra imersa por cerca de 5 minutos. A coloração castanha intensa, quase negra, revestindo a amostra, é resultado positivo para PVDC.

**Observações:**

A morfolina é uma amina secundária, heterocíclica, com O e N como heteroátomos, anel hexagonal e estrutura simétrica.

Amostras de PVC permanecem inalteradas em presença de morfolina.

## E N S A I O                                  27

## Identificação de polímero por complexação

### (A) Com iodo

A complexação de polímeros com iodo é avaliada de acordo com o procedimento abaixo descrito.

Em cadinho de porcelana ou placa de toque, colocar algumas gotas de solução ou suspensão aquosa da amostra e adicionar 2 gotas do reagente iodo-iodetado. O imediato desenvolvimento de intensa coloração, que varia conforme a natureza do polímero, é indicação de grupamentos suscetíveis de complexação com iodo na cadeia polimérica.

O reagente iodo-iodetado é preparado colocando algumas gotas de água sobre cristais de iodeto de potássio (KI), e em seguida, acrescentando um cristal de iodo ($I_2$).

### Observações:

A intensa coloração azul observada quando se coloca o reagente iodo-iodetado sobre solução ou suspensão de amido é atribuída à adsorção do iodo sobre a cadeia espiralada da molécula de amilose, formando um complexo colorido. Outros polissaca-rídeos também dão esta coloração, porém com matizes diferentes, tendendo ao vermelho. Poli(álcool vinílico) produz intensa coloração que varia de azul a verde, conforme a estrutura do polímero.

Poliacetais, como poli(vinil-formal) e poli(vinil butiral), respondem positivamente a este teste. A cor desenvolvida depende do grau de acetalização, que diminui o teor de hidroxilas da cadeia de poli(álcool vinílico) cuja acetalização resultou naqueles materiais.

Polímeros nitrogenados, como a poli(vinilpirrolidona), apresentam resultado positivo com este reagente, porém a coloração desenvolvida é castanha.

### (B) Com bórax

A complexação com bórax de uma cadeia polimérica, formando gel, é observada de acordo com o procedimento abaixo.

Em cadinho de porcelana ou placa de toque, colocar alguns mililitros de solução ou suspensão concentrada da amostra; umectar um bastão de vidro com solução aquosa saturada de bórax ($Na_2B_4O_7$) e em seguida, imergi-lo na solução da amostra. Ao se elevar o bastão, observa-se a formação de um gel viscoso sob a forma de corda.

### Observações:

O bórax permite a complexação com polímeros cujas hidroxilas estejam dispostas com certa regularidade configuracional, causando a formação de gel.

# E N S A I O 28

## Identificação de insaturação olefínica

Em tubo de ensaio, colocar alguns fragmentos da amostra e 2 ml de tetra-hidrofurano [$(CH_2H_4)O$] (THF); em outro tubo, colocar um cristal de permanganato de potássio ($KMnO_4$), 2 ml de tetra-hidrofurano e uma gota de água. Observar se houve completa solubilização; caso haja necessidade, proceder a um ligeiro aquecimento em banho de água a 60°C, montado sobre chapa elétrica.

Com o auxílio de uma pipeta, colocar algumas gotas da solução de permanganato de potássio no tubo contendo a solução da amostra. O descoramento da solução violácea do permanganato é indicativo de que o polímero analisado continha insaturação olefínica.

### Observações

A reação somente ocorre quando o polímero com insaturação olefínica está disperso em nível molecular em um solvente.

# E   N   S   A   I   O                    29

## Identificação de poliisobutileno

Para identificar o isobutileno em polímeros, proceder do modo abaixo descrito.

Colocar alguns fragmentos da amostra em tubo de ensaio, dotado de rolha atravessada por um tubo de vidro dobrado em "U", com a extremidade no interior de um pequeno balão de destilação, imerso em banho com água e gelo, para reter os produtos de pirólise condensáveis. Adaptar à saída lateral do balão um tubo de ensaio contendo 15 ml de metanol ($CH_3OH$) e 0,5 g de acetato mercúrico [$Hg(CH_3COO)_2$]. Proceder à pirólise com chama de bico de Bunsen. Transferir para um pequeno bécher o conteúdo do tubo de ensaio, que deve conter o derivado do isobutileno, e evaporar o solvente, em banho de água fervente, sobre chapa elétrica. Dissolver o resíduo em éter de petróleo (faixa de ebulição: 40-60°C) à ebulição, filtrar através de pequeno disco de papel de filtro pregueado, concentrar por evaporação e resfriar imergindo em banho de gelo. Friccionar a parede interna do bécher com um bastão de vidro, para induzir a cristalização do derivado mercúrico. Separar os cristais, secar a 30-40°C e determinar o ponto de fusão (p.f.: 55°C) do acetato metoxi-isobutil-mercúrico formado, que é resultado positivo para polímeros de isobutileno.

**Observações:**

Este ensaio, embora trabalhoso, permite a identificação segura do isobutileno, que é um gás incondensável, capaz de reagir com o sal mercúrico, formando o acetato metoxi-isobutil-mercúrico, que é incolor, cristalino e com ponto de fusão de 55°C.

## E N S A I O                                    30

### Identificação de polímero parafínico

Em tubo de ensaio, colocar alguns mililitros de líquido de modo a se obter no tubo cerca de 5 cm de altura. Levar o tubo à chama de bico de Bunsen e aquecer gradualmente até atingir a temperatura de ebulição. Com o auxílio de uma pinça, pressionar um pequeno fragmento da amostra sobre a superfície externa do tubo, na região que contém o líquido. Após alguns segundos, verificar o comportamento do material quanto à resistência ao calor: inalterado, amolecido, ou fundido e aderido à parede externa do tubo de vidro.

**Observações:**

É necessário realizar o ensaio examinando o comportamento do polímero em todos os líquidos indicados, que atuam como padrões de temperatura.

Os líquidos indicados são: metil-isobutil cetona (p.e.:116°C), etil-benzeno (p.e.: 135°C), mesitileno (p.e.: 163°C) e decalina (p.e.: 190°C), ou qualquer outro líquido com ponto de ebulição próximo às temperaturas referidas.

O ensaio permite distingüir os seguintes polímeros olefínicos: LDPE (p.f.:109-125°C), LLDPE (p.f.: 120-125°C), HDPE (p.f.: 130-135°C), UHMWPE (p.f.: 135°C) e PP (p.f.: 165-175°C).

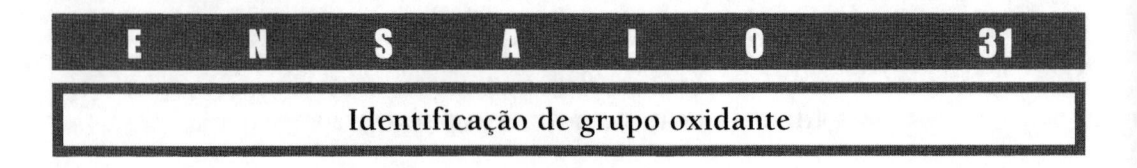

**E N S A I O**     **31**

## Identificação de grupo oxidante

Para pesquisar a presença de grupo oxidante em um material polimérico, seguir o procedimento abaixo descrito.

Em cadinho de porcelana, colocar um fragmento da amostra e adicionar alguns mililitros de solução a 6% de difenil-amina [($C_6H_5$)2NH)] em ácido sulfúrico concentrado (98% H2SO$_4$). Imediata coloração azul intensa revela a presença de grupo oxidante na amostra.

**Observações:**

Este ensaio é útil para detectar resíduos de peróxido, em artefatos feitos com misturas moldáveis, por exemplo, borracha de silicone e composições contendo EPM.

O ensaio também é positivo para nitrato de celulose.

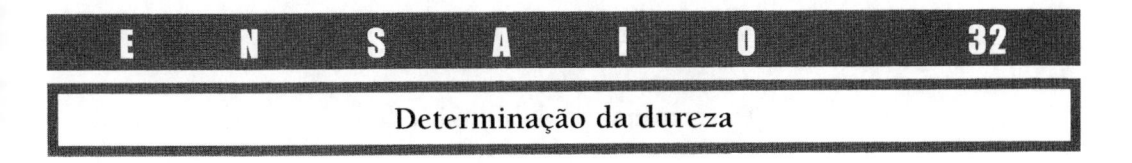

## Determinação da dureza

Para avaliar a dureza do material polimérico a identificar, pressionar um lápis 6B, com ponta sobre uma região plana da amostra. Dependendo do material ser borrachoso, cru ou vulcanizado, ou plástico, a resistência à compressão poderá permitir a qualificação do polímero como macio (borracha), se a amostra ceder à pressão, ou duro (plástico), quando oferecer resistência à pressão do lápis.

### Observações:

A medida de dureza é útil na avaliação preliminar do material. Pode ser feita em diferentes escalas, conforme o tipo de produto a examinar. A escala coberta pelos durômetros Shore é muito simples, apropriada para a determinação da resistência à penetração em polímeros: a escala Shore A, na faixa dos materiais borrachosos, e a escala Shore D, na faixa dos plásticos. Há outros instrumentos, um pouco mais precisos, que permitem obter a dureza em diversas faixas, nas escalas Rockwell e Brinell.

O resultado do ensaio descrito, determinado com o durômetro Shore, escala D, corresponde à classificação de dureza inferior a 30 Shore D, que é o valor aproximado da dureza do grafite mais macio, 6B. O grafite como padrão para avaliação da dureza de filmes poliméricos, já é utilizado em ensaios de rotina, na indústria de tintas e vernizes.

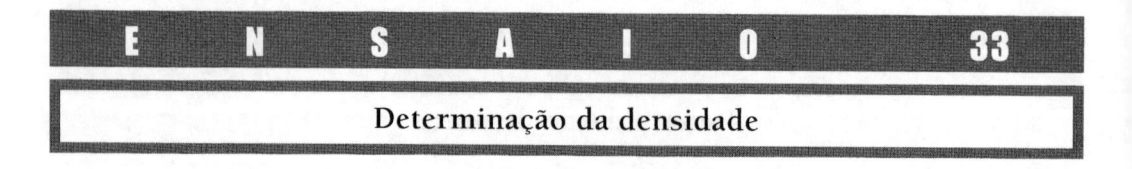

**E N S A I O          33**

## Determinação da densidade

Para determinar a densidade de um material em relação à água, imergir um fragmento da amostra em bécher cheio de água fria. Se o fragmento flutuar, a densidade do material será inferior a 1; se afundar, será superior a 1.

Este ensaio permite distinguir os poli-hidrocarbonetos de cadeia alifática, de densidade inferior à da água, de todos os demais polímeros, mais densos que a água.

**Observações:**

A densidade de um polímero reflete sua estrutura molecular, mais flexível ou mais compacta. A flexibilidade é devida à ausência de interações fortes entre as cadeias poliméricas, possibilitando o frouxo entrelaçamento e a presença de espaços vazios, que diminuem a densidade.

Os poli-hidrocarbonetos alifáticos, como HDPE, LDPE, PP, PIB, EPDM, NR, IR, IIR e BR têm densidade inferior a 1. Os demais polímeros, mesmo poli-hidrocarbonetos, porém aromáticos, como o PS, ou contendo outro tipo de átomo na molécula, como flúor, cloro, bromo, oxigênio, nitrogênio ou enxofre, apresentam interações fortes entre as cadeias, e têm em conseqüência estrutura mais compacta e densidade superior.

Este ensaio não se aplica a artigos esponjosos ou celulares, em que parte do material é substituída por ar, modificando arbitrariamente a densidade do produto.

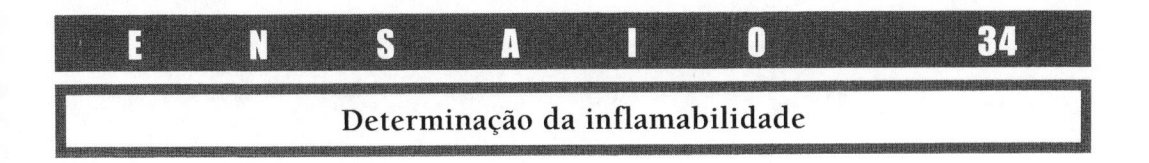

## Determinação da inflamabilidade

Com uma pinça, segurar um fragmento da amostra e expor à chama de bico de Bunsen por alguns segundos. Remover a fonte da chama e observar se a amostra continua queimando. Neste caso, a amostra é inflamável. Se a chama apaga espontaneamente ao ser removida a fonte, a amostra é auto-extinguível.

### Observações:

A estrutura química do material é responsável pela sua suscetibilidade à inflamação. Se o produto é inorgânico, não queima, resiste à chama. Se é orgânico, sofre inflamação; este é o caso mais comum em polímeros.

A resistência à propagação da chama aumenta quando alguns tipos de átomo estão presentes na molécula, pois causam a formação de produtos voláteis que não propagam a chama, abafando o fogo, e os materiais são auto-extinguíveis. Cloro e bromo são os átomos mais encontrados em polímeros auto-extinguíveis.

A formação de cinza, que é material incombustível, à superfície da amostra em ignição gera uma capa protetora na amostra, interrompendo o Ciclo do Fogo, simbolizado por 3C — Combustível, Comburente e Calor; a ausência de qualquer destes componentes apaga as chamas.

# CAPÍTULO 23

## CONCLUSÃO

Uma visão ampla e abrangente da distribuição dos 92 polímeros industriais, naturais e sintéticos, abordados neste livro com vistas à sua identificação, é apresentada no extenso **Quadro 29**, nas páginas seguintes.

É importante destacar que o fundamento da escolha dos ensaios para a identificação de um polímero qualquer — desde que utilizado em artefatos industrializados — foi a simplicidade. Não houve qualquer restrição quanto ao tipo de ensaio, desde que pudesse ser realizado com o mínimo de dificuldade, por profissionais não especializados. Baseados em sua longa experiência em análise de plásticos, borrachas e fibras encontrados em peças de uso doméstico ou industrial, os Autores procuraram oferecer ensaios que permitissem distinguir polímeros de estrutura parecida ou com aplicações semelhantes. Os produtos de decomposição térmica foram sempre buscados como fonte de diferenciação preferencial.

Os Autores esperam que este livro seja útil para os estudantes, os técnicos e o vasto setor industrial, sempre atento as inovações lançadas no mercado internacional.

## Quadro 29

### Identificação de Polímeros Industriais

| Amostra | Classe | Grupo | Subgrupo | Polímero | Painel (N.º) | Ensaio |
|---------|--------|-------|----------|----------|--------------|--------|
| Fase líquida (Ensaio 1) | – | – | – | – | – | – |
| Fase sólida (Ensaios 2, 3A, 3B e 4A) | Classe I Termoplásticos (Ensaios 3A, 3B, e 4A) | I – Halogenados (Ensaio 5A, 5B e 5C) | I – Clorados (Ensaio 5B) | CIIR (cru) | 1 | 3A; 3B; 4A; 5A; 5B; 29; 32; 33; 34 |
| | | | | CR (cru) | 2 | 3A; 3B; 4A; 5A; 5B; 28; 32; 33; 34 |
| | | | | CSM (cru) | 3 | 3A; 3B; 4A;5A; 5B; 7A; 20; 32; 33; 34 |
| | | | | PCTFE | 4 | 3A; 3B; 4A;5A; 5B; 5C; 32; 33; 34 |
| | | | | PVC | 5 | 3A; 3B; 4A; 5A; 5B; 26; 32; 33; 34 |
| | | | | PVCAc | 6 | 3A; 3B; 4A; 5A; 5B; 10A; 11A; 16A; 16C; 19; 26; 32; 33; 34 |
| | | | | PVDC | 7 | 3A; 3B; 4A; 5A; 5B; 26; 32; 33; 34 |
| | | | II— Bromados (Ensaio 5B) | BIIR (cru) | 8 | 3A; 3B; 4A; 5A; 5B; 29; 32; 33; 34 |
| | | | III— Fluorados (Ensaio 5C) | FPM (cru) | 9 | 3A; 3B; 4A; 5A; 5C; 32; 33; 34 |
| | | | | PTFE | 10 | 3A; 3B; 4A; 5A; 5C; 32; 33; 34 |
| | | | | PVDF | 11 | 3A; 3B; 4A; 5A; 5C; 32; 33; 34 |

## Quadro 29 *(continuação)*

### Identificação de Polímeros Industriais

| Amostra | Classe | Grupo | Subgrupo | Polímero | Painel (Nº) | Ensaio |
|---|---|---|---|---|---|---|
| Fase sólida (Ensaios 2, 3A, 3B e 4A) | Classe I Termoplásticos (Ensaios 3A; 3B e 4A) | II – Nitrogenados (Ensaio 6) | IV – Alquil-aromáticos (Ensaio 24A e 24B) | ABS | 12 | 3A; 3B; 4A; 6; 24B; 25; 28; 32; 33; 34 |
| | | | | SAN | 13 | 3A; 3B; 4A; 6; 24A; 25; 32; 33; 34 |
| | | | V– Nitrílicos (Ensaio 25) | NBR (cru) | 14 | 3A; 3B; 4A; 6; 25; 28; 32; 33; 34 |
| | | | VI – Uretânicos (Ensaio 11A) | PU | 15 | 3A; 3B; 4A; 6; 10A; 11A; 12B; 13A; 13B; 19; 32; 33; 34 |
| | | | VII – Amido-imídicos (Ensaio 12B) | $PA_{alifático}$ | 16 | 3A; 3B; 4A; 6; 10B; 12B; 16B; 16E; 32; 33; 34 |
| | | | | PI | 17 | 3A; 3B; 4A; 6; 10B; 12B; 13A; 13B; 16B; 32; 33; 34 |
| | | | | PVP | 18 | 3A; 3B; 4A; 6; 12B; 16B; 27A; 32; 33; 34 |
| | | III – Sulfurados (Ensaio 7A) | | PSF | 19 | 3A; 3B; 4A; 7A; 17B; 20; 24A; 32; 33; 34 |
| | | | | PPS | 20 | 3A; 3B; 4A; 7A; 12C; 32; 33; 34 |
| | | | | EOT (cru) | 21 | 3A; 3B; 4A; 7A; 20; 32; 33; 34 |
| | | IV – Siloxânicos (Ensaio 9) | | MQ (cru) | 22 | 3A; 3B; 4A; 9; 32; 33; 34 |

## Quadro 29    (*continuação*)

### Identificação de Polímeros Industriais

| Amostra | Classe | Grupo | Polímero | Painel (Nº) | Ensaio |
|---|---|---|---|---|---|
| Fase sólida (Ensaios 2, 3 e 4) | Classe I Termoplásticos (Ensaios 3 e 4) | V – Celulósicos (Ensaio 21A e 21B) | CAc | 23 | 3A; 3B; 4A; 10A; 11A; 16A; 16C; 19; 21A; 21B; 32; 33; 34 |
| | | | CAcB | 24 | 3A; 3B; 4A; 10A; 11A; 16A; 16C; 19; 21A; 21B; 32; 33; 34 |
| | | VI – Metacrílicos (Ensaios 16D e 22) | PBMA | 25 | 3A; 3B; 4A; 10A; 11A; 16A; 16D; 19; 22; 32; 33; 34 |
| | | | PMMA | 26 | 3A; 3B; 4A; 10A; 11A; 16A; 16D; 19; 22; 32; 33; 34 |
| | | VII – Oximetilênicos (Ensaios 18 e 23) | POM | 27 | 3A; 3B; 4A; 18; 23; 32; 33; 34 |
| | | VIII – Alquil-aromáticos (Ensaio 24A e 24B) | HIPS | 28 | 3A; 3B; 4A; 24B; 28; 32; 33; 34 |
| | | | PS | 29 | 3A; 3B; 4A; 24A; 32; 33; 34 |
| | | | PSMMA | 30 | 3A; 3B; 4A; 10A; 11A; 16A; 16D; 19; 22; 24A; 32; 33; 34 |
| | | | SBR (cru) | 31 | 3A; 3B; 4A; 24B; 28; 32; 33; 34 |
| | | | SIS (cru) | 32 | 3A; 3B; 4A; 12A; 16A; 16C; 24B; 28; 32; 33; 34 |
| | | IX – Fenólicos (Ensaio 17B e 24A) | PC | 33 | 3A; 3B; 4A; 10B; 11A; 12B; 17B; 24A; 32; 33; 34 |
| | | | PAR | 34 | 3A; 3B; 4A; 10B; 11A; 12B; 16B; 17B; 24A; 32; 33; 34 |
| | | X – Tereftálicos (Ensaio 12B e 16B) | LCP | 35 | 3A; 3B; 4A; 10B; 11A; 12B; 16B; 17B; 32; 33; 34 |
| | | | PBT | 36 | 3A; 3B; 4A; 10B; 11A; 12B; 16B; 32; 33; 34 |
| | | | PET | 37 | 3A; 3B; 4A; 10B; 11A; 12B; 16B; 32; 33; 34 |

## Quadro 29    (*continuação*)

### Identificação de Polímeros Industriais

| Amostra | Classe | Grupo | Subgrupo | Polímero | Painel (Nº) | Ensaio |
|---|---|---|---|---|---|---|
| Fase sólida (Ensaios 2, 3 e 4) | Classe I Termoplásticos (Ensaios 3A, 3B e 4A) | XI – Hidrolisáveis (Ensaios 10A, 10B, 11A e 11B) | VIII – Estéricos (Ensaios 10A, 10B e 11A) | EVA | 38 | 3A; 3B; 4A; 10B; 11A; 12B; 16A; 16C; 19; 32; 33; 34 |
| | | | | PBA | 39 | 3A; 3B; 4A; 10A; 11A; 12B; 16B;16D; 19; 22; 32; 33; 34 |
| | | | | PVAc | 40 | 3A; 3B; 4A; 10A; 11A; 12B; 16A; 16C; 19; 32; 33; 34 |
| | | | IX – Acetálicos (Ensaios 10A e 11A) | PVB | 41 | 3A; 3B; 4A; 10A; 11A; 16A; 27A; 32; 33; 34 |
| | | | | PVF | 42 | 3A; 3B; 4A; 10A; 11A; 18; 23; 27A; 32; 33; 34 |
| | | XII— Outros | X – Elastoméricos (crus) (Ensaio 32) | BR | 43 | 3A; 3B; 4A; 28; 32; 33; 34 |
| | | | | EPDM | 44 | 3A; 3B; 4A; 28; 32; 33; 34 |
| | | | | IIR | 45 | 3A; 3B; 4A; 29; 32; 33; 34 |
| | | | | IR | 46 | 3A; 3B; 4A; 8; 12A; 16A; 16C; 28; 32; 33; 34 |
| | | | | NR | 47 | 3A; 3B; 4A; 8; 12A; 16A; 16C; 28; 32; 33; 34 |
| | | | XI – Não-elastoméricos (Ensaio 32) | PE | 48 | 3A; 3B; 4A; 30; 32; 33; 34 |
| | | | | PK | 49 | 3A; 3B; 4A; 12C; 17B; 32; 33; 34 |
| | | | | PP | 50 | 3A; 3B; 4A; 30; 32; 33; 34 |
| | | | | PPO | 51 | 3A; 3B; 4A; 12C; 17B; 32; 33; 34 |

| Quadro 29 | *(continuação)* |
|---|---|

### Identificação de Polímeros Industriais

| Amostra | Classe | Grupo | | Polímero | Painel (Nº) | Ensaio |
|---|---|---|---|---|---|---|
| Fase sólida (Ensaios 2, 3 e 4) | Classe II Termorrígi-dos Físicos (Ensaios 3A, 3B e 4A) | XIII – Polissaca-rídicos (Ensaio 21A e 21B) | XII – Ácidos (Ensaio 16B e 27) | Alginato | 52 | 3A; 3B; 4A; 16B; 21A; 21B; 27A; 32; 33; 34 |
| | | | | Carragenana | 53 | 3A; 3B; 4A; 7A; 27A; 32; 33; 34 |
| | | | | SCMC | 54 | 3A; 3B; 4A; 16B; 21A; 21B; 27A; 32; 33; 34 |
| | | | | Xantana | 55 | 3A; 3B; 4A; 16B; 21A; 21B; 27A; 32; 33; 34 |
| | | | XIII – Neutros (Ensaio 27) | Agarose | 56 | 3A; 3B; 4A; 21A; 21B; 27A; 32; 33; 34 |
| | | | | Amido | 57 | 2; 3A; 3B; 4A; 21A; 21B; 27A; 32; 33; 34 |
| | | | | RC | 58 | 2; 3A; 3B; 4A; 21A; 21B; 27A; 32; 33; 34 |
| | | | | CN | 59 | 3A; 3B; 4A; 21A; 21B; 27A; 32; 33; 34 |
| | | | | HEC | 60 | 3A; 3B; 4A; 21A; 21B; 27A; 32; 33; 34 |
| | | | | MC | 61 | 3A; 3B; 4A; 21A; 21B; 27A; 32; 33; 34 |

## Quadro 29    (continuação)

### Identificação de Polímeros Industriais

| Amostra | Classe | Grupo | Subgrupo | Polímero | Painel (N.º) | Ensaio |
|---|---|---|---|---|---|---|
| Fase sólida (Ensaios 2, 3 e 4) | Classe II Termorrígi-dos Físicos (Ensaios 3A, 3B e 4A) | XIV – Nitroge-nados (Ensaio 6) | XIV – Proteicos (Ensaio 15A) | Gelatina | 62 | 2; 3A; 3B; 4A; 6; 10A; 11A; 12B; 15A; 16B; 32; 33; 34 |
| | | | | Lã | 63 | 2; 3A; 3B; 4A; 6; 7A; 10A; 11A; 12B; 15A; 16B; 17B; 32; 33; 34 |
| | | | | Seda | 64 | 2; 3A; 3B; 4A; 6; 10A; 11A; 12B; 15A; 16B; 17B; 32; 33; 34 |
| | | | | $PA_{aromático}$ | 65 | 2; 3A; 3B; 4A; 6; 13A; 13B; 15A; 32; 33; 34 |
| | | | XV – Não-Proteicos (Ensaio 15A) | PAM | 66 | 3A; 3B; 4A; 6; 15A; 32; 33; 34 |
| | | | | PAN | 67 | 2; 3A; 3B; 4A; 6; 15A; 25; 32; 33; 34 |
| | | XV – Vinílicos (Ensaio 4A) | XVI – Ácidos (Ensaios 16B e 16D) | PAA | 68 | 3A; 3B; 4A; 16A; 16B; 16D; 22; 32; 33; 34 |
| | | | | PMAA | 69 | 3A; 3B; 4A; 16A; 16B; 16D; 22; 32; 33; 34 |
| | | | XVII – Neutros (Ensaios 27A e 27B) | PVAl | 70 | 3A; 3B; 4A; 27A; 27B; 32; 33; 34 |

**Quadro 29**　　*(continuação)*

## Identificação de Polímeros Industriais

| Amostra | Classe | Grupo | | Polímero | Painel (Nº) | Ensaio |
|---|---|---|---|---|---|---|
| Fase sólida (Ensaios 2, 3 e 4) | Classe III Termorrígidos Químicos (Ensaios 3A, 3B, 4A e 4B) | XVI – Não-Borrachosos (Ensaio 32) | XVIII – Nitrogenados (Ensaio 6) | Couro | 71 | 3A; 3B; 4A; 6; 15A; 15B; 32; 33; 34 |
| | | | | MR | 72 | 3A; 3B; 4A; 6; 13A; 18; 23; 32; 33; 34 |
| | | | | PUR | 73 | 3A; 3B; 4A; 6; 10A; 13B; 19; 32; 33; 34 |
| | | | | UR | 74 | 3A; 3B; 4A; 6; 14; 18; 23; 32; 33; 34 |
| | | | XIX – Alquil-aromáticos (Ensaio 24A e 4B) | ER | 75 | 3A; 3B; 4A; 17B; 24A; 32; 33; 34 |
| | | | | PPPM | 76 | 3A; 3B; 4A; 10B; 11A; 16B; 16F; 24A; 32; 33; 34 |
| | | | XX – Fenólicos (Ensaio 17A) | PR | 77 | 3A; 3B; 4A; 17A; 17B; 18; 23; 32; 33; 34 |
| | | | XXI – Outros | C | 78 | 2; 3A; 3B; 4A; 25; 32; 33; 34 |
| | | XVII – Borrachosos vulcanizados (Ensaio 32) | XXII – Alta resistência à oxidação (Ensaios 4B e 11B) | BIIR | 79 | 3A; 3B; 4A; 4B; 5A; 5B; 7B; 11B; 29; 32; 33; 34 |
| | | | | CIIR | 80 | 3A; 3B; 4A; 4B; 5A; 5B; 7B; 11B; 29; 32; 33; 34 |
| | | | | CSM | 81 | 3A; 3B; 4A; 4B; 5A; 5B; 7A; 11B; 32; 33; 34 |
| | | | | EPDM | 82 | 3A; 3B; 4A; 4B; 7B; 11B; 32; 33; 34 |
| | | | | FPM | 83 | 3A; 3B; 4A; 4B; 5A; 5C; 11B; 32; 33; 34 |
| | | | | IIR | 84 | 3A; 3B; 4A; 4B; 7B; 11B; 29; 32; 33; 34 |
| | | | | MQ | 85 | 3A; 3B; 4A; 4B; 9; 11B; 31; 32; 33; 34 |

## Quadro 29 (*continuação*)

### Identificação de Polímeros Industriais

| Amostra | Classe | Grupo | Subgrupo | Polímero | Painel (Nº) | Ensaio |
|---|---|---|---|---|---|---|
| Fase sólida (Ensaios 2, 3 e 4) | Classe III Termorrígidos Químicos (Ensaios 3A, 3B, 4A e 4B) | XVII – Borrachosos vulcanizados (Ensaio 32) | XXIII – Média resistência à oxidação (Ensaios 4B e 11B) | BR | 86 | 3A; 3B; 4A; 4B; 7B; 11B; 32; 33; 34 |
| | | | | NBR | 87 | 3A; 3B; 4A; 4B; 6; 7B; 11B; 25; 32; 33; 34 |
| | | | | SBR | 88 | 3A; 3B; 4A; 4B; 7B; 11B; 24B; 32; 33; 34 |
| | | | XXIV – Baixa resistência à oxidação (Ensaios 4B e 11B) | CR | 89 | 3A; 3B; 4A; 4B; 5A; 5B; 11B; 32; 33; 34 |
| | | | | IR | 90 | 3A; 3B; 4A; 4B; 7B; 11B; 12A; 16A; 16C; 32; 33; 34 |
| | | | | NR | 91 | 3A; 3B; 4A; 4B; 7B; 8; 11B; 12A; 16A; 16C; 32; 33; 34 |
| | | | XXV – Mínima resistência à oxidação (Ensaios 4B e 11B) | EOT | 92 | 3A; 3B; 4A; 4B; 7A; 7B; 11B; 20; 32; 33; 34 |

# REFERÊNCIAS BIBLIOGRÁFICAS

- Eloisa B. Mano & Leni Akcelrud Durão — A review on laboratory methods of preparation for polymer films — *Journal of Chemical Education*, **50**, 228-232 (1973).

- Eloisa B. Mano, Luis C. Mendes. Edi Braga Jr., Beatriz Chagas & Gustavo Affonso Arnaut P. Lopes — Identificação das fibras naturais, *Textilia* (São Paulo, SP), **35**,30-38 (2000).

- The Textile Institute — *Identification of Textile Materials*, Manchester, Inglaterra (1965).

- W.J. Roff & J.R. Scott—*Fibres, Films, Plastics and Rubbers*, Butterwonhs, Londres (1971).

- D. Braun — *Identification of Plastics*. Carl Hanser Verlag, Viena, Áustria (1982).

- G.M. Kline (ed.) — *Analytical Chemistry of Polymers*, vol. I, II e III, Interscience Publishers. Nova York (1962).

- R. Houwink — *Elastomers and Plastomers*, vol. III, Elsevier Publishers, Amsterdã, Holanda (1948).

- J. Brandrup, E.H. Immergut & E.A. Grulke — *Polymer Handbook*, John Wiley, Nova York (1999).

- Eloisa B. Mano — Identificação de borrachas natural e sintéticas, *Rev. Química Industrial* (Rio de Janeiro, RJ). **30** 173-177 (1961).

- Rita de Cassia Lazzarini Dutra & Eloisa B. Mano — Identificação de borrachas natural e sintéticas cruas e vulcanizadas, *Rev. Química Industrial* (Rio de Janeiro, RJ), **56**, 24-26 (1988).

- Eloisa B. Mano & A.P. Seabra — *Praticas de Química Orgânica*, Editora Edgard Blücher (São Paulo, SP) (1987).

- F. Feigl — *Spot Tests*, vol. I e II, Elsevier Publishers, Amsterdã, Holanda (1954).

- Claudio Costa Neto, Adelina Costa Neto & Hatumi T. Nakayama — *Análise de compostos de carbono*, IQ-UFRJ (1977 ).

- P.D. Galloway & R.N. Foxton — *Rubber Chemistry and Technology*, **25**, 959-60 (1952).

- J. Haslam, H.A. Willis & D.C.M. Squirell — *Identification and Analysis of Plastics*, Butterworth & Co., Londres (1972).

- Eloisa B. Mano & L.C.O. Cunha Lima — Análise qualitativa de plásticos - Identifição de plásticos celulósicos-Boletim do INT (Rio de Janeiro, RJ),**5**,(13),3-15 (1954).

- Eloisa B. Mano — A new color reaction for methyl methacrylate monomer and polymer *Analytical Chemistry*, **32**, 291 (1960).

- Eloisa B. Mano, Raul Quijada, Fernanda M.B. Coutinho & Maria Christina Berg— Nitrationnitrosation of methyl methacrylate in presence of nitric acid — *Journal of Polymer*

*Science, Polymer Chemistry Ed.*, **18**, 1619-26 (1980).

• Luiz A. P. Franca, Luis C. Mendes & Eloisa B. Mano — *Identificação de polímeros estirênicos por via química* — XXXI Congresso Brasileiro de Química, IV Jornada Brasileira de Iniciação Científica em Química, Recife, PE, (1991).

• Eloisa B. Mano & Luis C. Mendes — *Introdução a Polímeros*, 3.ª edição, Editora Edgard Blücher (São Paulo, SP) (1999).

• Eloisa B. Mano — *Polímeros como Materiais de Engenharia* — Editora Edgard Blücher (São Paulo, SP) {1987).

• G.A. Purt — *Introdução à Técnica do Fogo* — Editora da Liga dos Bombeiros Portugueses, Lisboa, Portugal (1980).

• L.A. Utracki — History of Commercial Polymer Alloys and Blends - (From a Perspective of the Patent Literature) — *Polymer Engineering and Science* **35** (1), 2-17 (1995).

# ÍNDICE DE ENSAIOS

# ÍNDICE DE PAINÉIS

# ÍNDICE DE QUADROS

# ÍNDICE DE ASSUNTOS